我们为什么会觉得累

神奇的人体生物钟

［德］蒂尔·伦内伯格 著

张丛阳 译

Wie wir ticken

Die Bedeutung der Chronobiologie für unser Leben

Till Roenneberg

重庆大学出版社

前 言

这是一本关于时钟的书——但不是那些可以戴在手上或者挂在墙上的时钟，而是在我们的身体里嘀嗒作响的时钟。在生物体漫长的进化过程中，生物钟逐渐形成。体内感知时间的能力不仅人类有，地球上的其他哺乳动物，甚至单细胞动物都有。生物钟对地球上的生物来说具有无法估量的价值。对于多数动物来说，如果没有按照生物钟规律活动，就会饿死或者被其他动物吃掉。在本书中，我会向读者展示违反生物钟对人类的身体健康和生活质量产生的负面影响。现代人的生活方式往往与人体内的生物钟无法保持一致。有些人可能会因为旅行而在短时间内跨过多个时区，在某些工业国家里，劳动人口中有20%的人需要倒班。得过时差综合征的人能够充分理解生物钟与大脑达成一致是非常困难的。即便不需要倒班也不坐飞机穿越多个时区，你同样可能患上我们称之为“社会时差综合征”的疾病。

一本与时钟有关的书当然会涉及时间的问题。生物钟的时间不一定与我们的日常时间安排一致，按时上班、准时赴约、收看晚间新闻和踏上旅途都与生物钟涉及的时间概念不同。社会时间是人们日常安排的参照。在19世纪以前，社会时间与当地太阳时间是一致的：正午是太阳到达最高点的时间。理性的时间划分规则在铁路被发明后受到了冲击——突然之间人们可以在短短几小时之内走过很长的路程，这导致当地的太阳时间失效了。旅行的人们几乎每路过一个车站都要调一次时间。因此，在1884年很多国家共同实行了一套普遍适用的体系：依照经线将地球分成24个时区，把穿过伦敦附近的格林尼治观察站的经线设定为本初子午线。只要在同一国度（或行政区）之内，理论上人们可以任选一种时间作为社会生活时间（例如，中国大陆只实行一种时间，即北京时间）。这本书将会告诉你，不同的时间体系（太阳时间、社会时间和生物钟时间）是怎样相互作用的。

你将会了解到，个体的生物钟时间是如何运行的。生物钟时间是因人而异的，同时也与太阳时间和社会时间有关联。虽然体内的生物钟时间对我们来说是最重要的时间——比太阳时间和社会时间更重要——但是很少有人会关注它。人体每天大约有16小时处于清醒状态，当我们把行动、思考和意志抛诸脑后，进入一种无意识，我们便进入了“睡眠”状态。睡眠状态每天都会发生变化，多年以来完全没有人去探究决定这种变化的生物机制。伴随日出和日落，动物醒来又睡去，植物叶子张开又闭合，浮游生物在水中漂来游去，万物交替变换于自然的控制之下，生物钟与地球的时间规律相一致。但是，睡眠与清醒之间的转换不是两种存在状态的简单转换，不像人们在白天转个身或者随意翻动一张纸片那样简单。两种存在状态反映了身体机能的变化。这种变化包括基因的变化、荷尔蒙的增减以及递质的相互作用。

我用了几十年的时间研究不同物种生物钟的变化机

制——细胞核、蘑菇、人类。一部分研究在实验室完成，我们尝试控制全部的环境因素，例如灯光、温度、食物等；另一部分实验在实际生活中完成，例如在工厂里，我们测定一天之中的不同参数，或者询问普通人的日常时间安排。

我对研究生物钟感兴趣，完全是出于非常偶然的个人原因。我们这个专业领域的泰斗之一约根·阿绍夫教授，是巴伐利亚中部一个研究所的所长。他和妻子希尔德有6个孩子，我和他们上同一所学校。尽管有年龄的差距，但是我和他们成了好朋友。阿绍夫一家住在阿默尔湖附近的埃尔林，他们的房子在山脚下，非常漂亮，人们叫它“城堡”。阿默尔湖位于上巴伐利亚，离市区非常远，没有公共交通。所以，如果孩子们不断请求，阿绍夫夫妇就会允许他们的孩子邀请朋友们来家里做客，有时甚至还会过夜。与一大群特别有趣的年轻人在一起让我觉得很快乐——所以我能在“城堡”里想待多久就待多久。另外，我和教授也相处得十分愉快，因此我对他从事的科学研究产生了极大的兴趣。

17岁时，一到假期，我就会去阿绍夫的研究所做助理，这份工作除了能满足我对科学的兴趣之外，还能使我与有魅力的人们在一起，并且挣点生活费，现在想想可真是理想状态啊！“城堡”的客人越来越多，父母的朋友们，孩子的朋友们，还有很多科学家——有些科学家是世界闻名的，他们经常在一起讨论科学。我一直对科学感兴奋，埃尔林的氛围让我越来越痴迷——那是我向往的生活。

虽然在我刚进大学时已经比毕业生更了解生物钟了，但我却选择攻读物理学——在我看来，这是一切自然科学的根基。但是不久之后我发现，其实我对人类自身更感兴趣，而物理对了解人类自身并没有直接帮助，于是我转到医学系。但是一段时间之后，我发觉这个专业不能满足我的好奇心，虽然我希望了解关于人类的一切，但是我的兴趣不在于医学。后来我渐渐明白，只有了解了演化学、遗传学、生物化学、比较生理学和生态学，才能更多地了解人类，而这些学科不是医学专业的主要研究领域。

所以我最终在生物专业稳定下来。然而多数的讲座课让我觉得无聊。我更喜欢与科学家们讨论问题，或者阅读大量的科学文献和书籍，这些材料涉及的内容超出了生物学专业第一学年的知识。直到我开始在实验室搜集实验数据并研究数据的意义时，“真正的”学习才开始。对数据的意义给出解释是科学工作中最吸引我的部分。我相信，这种兴趣以及挖掘数据的方法，是从我与阿绍夫的交流中获得的，那时的我很容易受他人影响。

我在光生物学、神经生理学、大脑研究领域走了几年弯路，后来在“博士后”阶段回到了生物钟研究领域：时间生物学。在博士后研究的第一阶段，我在埃尔林与阿绍夫一起工作，此时我的身份不再是大学生，而是独立的科学家。直到1998年10月阿绍夫去世之前，我和这位“老头子”（家人和好朋友都这样叫他）一直是互相信任的同事和亲密的朋友，他也一直是我的导师。与阿绍夫共事的两年里我主要研究人类年周期，在那之后，我想进一步深入研究生物钟在细胞内部的工作机制，它们在分子的帮助下如何规划生物体的“一天”。因此，我们决定与当时另外一位时间生物学领域的先锋人物，哈佛大学的伍迪·哈斯廷斯教授一起工作。在美国马萨诸塞州，我在他的研究小组里工作了4年，后来几乎每年夏天都回到那里。

回德国后，我发现那里的学术氛围不太适合我这样的科学家落脚，我更喜欢新的研究领域（例如生物钟），而不是局限在陈旧而狭小的专业领域中。我属于哪一种德国学术群体呢？植物学、动物学、生物学、人类学或者医学？最后我到了医学系——那里恰好有医学心理学研究所。这个研究所之所以成为我的学术家园，是因为所长埃斯特·波珀尔。他是我在德国遇到的少数对新领域、对时间相关的领域感兴趣的人，他不仅仅对研究样板有机体感兴趣[1]。

开始研究生物钟后，我越来越清楚地意识到，生物钟对我们的日常生活有多么的重要。我做了几场关于生物钟的报告，发现大众对这个主题非常感兴趣，他们这才明白以前不在意的事情都与生物钟有关。当你对生物钟了解得越多，就越能理解自己和他人，也就会更加珍惜自己的时间，并且能

1　我原本不想在这本书里写人物传记。我的编辑坚持认为读者可能会对作者个人的事情感兴趣，例如，科学家为什么对某些科学问题感兴趣。

够对别人的生活习惯保持宽容，例如早晨7点不起床不应该视为懒惰，晚上留在家里也不应认作无聊。在书里，我为读者提供了许多与生物钟有关的案例，或者说，给大家讲了些小故事，这些小故事从不同角度阐述了我们体内的时钟与我们的生活息息相关。书中每一章都分为案例和理论两个部分。案例由一个或若干个部分组成，篇幅或长或短。这些案例多数以故事的形式出现，外加一些描述性的资料，相关数据都与既有科学研究相符。有些案例可能并不完全由真实情况而来，例如，一位18世纪真实存在的人物发现了生物钟的存在（却在随后二百多年的时间里一再被忽视），在这个案例中我加入了自己的想象，想象他是怎样思考与看待眼前的这个世界的。有些案例有关科学家最新的实验发现——希望读者了解科学家探索新发现的方式，虽然这些案例本身（科学发现）在历史上真实存在过，但有些部分包含想象的成分，目的是让故事变得有趣一些（例如科学家在实验室里听什么类型的音乐）。因此，故事主角的名字都是我编的——他们真正的名字出现在脚注中。在描述案例的过程中，我会给读者留些小问题，这些问题读者可以在阅读理论部分后自行解答。我希望用讲故事的方式激发读者的好奇心，以及探索未知的渴望。在读完一个案例之后，最好不要马上接着往下读，而是思考刚才阅读的内容——故事里哪些是新的信息，哪些能明白，哪些不能明白。每个章节的第二部分，即理论部分，我会详细阐述案例故事中包含的理论，希望能够回答读者们的大部分问题，帮助你将生物钟的有关知识与自己的生活联系起来。

之所以使用案例是考虑到那些以解决问题为导向的读者，其目的是将读者的注意力引导到某个问题上来，而不是一股脑儿地将陌生的词汇和科学概念塞进读者的脑袋。故事以简单易懂的方式叙述，和杂志中常见的那些文章类似。在医学、法律或科学领域，问题导向的学习方法是比较常见的，学生们以小组的形式学习，借助教科书与互联网寻找案例背后的理论基础。以问题为导向的好处是，学生们可以直接接触日常生活中不愿理解或难以解决的问题，能够立刻抓住问题的本质。案例中抛出的问题能够唤起读者对背后理论知识的兴趣。传统学习方法的缺点是学生们在明白知识的用处之前必须先学习理论知识。“为什么我们必须学这个？”肯定是在传统的学校体系中需要面对的问题，“你会知道的！”也许是最常见的回答。

本书不是教科书，为了减轻阅读负担，我为读者做了一些区分，你可以根据自己的知识水平、兴趣与好奇心来阅读。所举案例很好理解，不会比大众图书更难。正如上文已经提到的，你最好在读完案例故事之后思考案例的内容或案例中的问题，然后再接着读理论部分。

每一章的第二部分较第一部分会有一定的难度，主要是用科学的理论解释体内时钟的运行方式以及其对生物功能的重要性——我们通常更注意外界的社会时间，但是体内时间对生物功能的重要性不亚于外界的社会时间。我去掉了所有对理解体内时间不必要的细节信息，同时，尽可能地减少历史背景知识，使读者无须费力记住那些科学家的名字（虽然案例故事中出现了许多虚构的人物名字）。为了理解生物钟，我们当然应该至少懂一些生物知识，但是，我也尽可能地简化了生物学的相关解释。

理论写作由两个部分构成，正文和脚注。不去阅读脚注也能理解正文内容。有些脚注只是解释了外缘信息——例如某个词的意义或者来源，有些脚注则呈现了一些“课外知识”，这些“课外知识”虽不是必需的，但可以帮助读者加深对体内时钟的理解，如果你已经对进化论、DNA、基因或者蛋白质有所了解，也可以跳过不读。虽然脚注不是必读内容，但是我希望读者们至少快速浏览一下。在撰写本书的过程中，我经常把一些章节给朋友们看一看，他们认为，有些案例的论证缺乏材料，他们或许是对的，但是，这种误读更多来自对脚注的忽视。阅读本书的时候，你可以分层次阅读，或者反复阅读，每一次的阅读重点放在不同的层级上。我的目的是为读者提供必要的知识，以便理解体内时间——也就是我们自己的生物钟时间。我希望大家认识到体内时间对日常生活的重要性。写这本书给我带来了很大的乐趣。我希望你在阅读本书的时候也能体会到乐趣。乐趣是真正理解某种事物最好的动力，使我们能够自然而然消化所有知识。

目 录

第1章　不同的世界　001

第2章　早起的人和睡懒觉的人　016

第3章　数羊　029

第4章　好奇的天文学家　039

第5章　失去的日子　046

第6章　当黑夜变成白天　062

第7章　精力充沛的仓鼠　081

第8章　健身中心的黎明　092

第9章　潜伏的分子　105

第10章　时间生物学　114

第11章　等待黑夜降临　127

第12章　青春的尽头　135

第13章　完全是浪费时间　150

第14章　在其他星球的日子　163
第15章　器官在旅行　183
第16章　睡眠剪刀　199
第17章　从社会主义者和资本主义者谈起　216
第18章　永远的曙光　232
第19章　往返于法兰克福和摩洛哥之间　244
第20章　黑夜中的光　262
第21章　伴侣计时　276
第22章　四季通用的时钟　290
第23章　回归本性　309
第24章　突破黑夜的瓶颈　325

第1章　不同的世界

案例

每逢必须早起去上学的清晨，安妮总会感到彻骨的寒冷。她用浴袍把自己裹起来，快速套上厚袜子，拖着步子去卫生间刷牙。连一句“早上好”都没对爸爸说，她也不期待爸爸会对她说“早上好”。若不是安妮闷闷不乐地将父亲从洗脸盆旁推开，挤出一点地方洗脸刷牙，别人会以为这俩人根本没发觉对方的存在。这只是圣诞节前的一个再普通不过的早晨，安妮像往常一样起得很晚，她和父亲吉姆其实还没真正醒来，他们努力地挣扎着进入这个真实的世界。从前，吉姆喜欢用手动刮胡刀，这样刮得比较干净。但是现在，因为要早起，所以不得不忍受电动剃须刀那讨厌的嗡嗡声，以免在没睡醒的时候用刮胡刀手动刮伤自己。

吉姆的妻子海伦和儿子托比已经在楼下开始准备早餐了。爸爸和女儿的早晨是安静无声的，与此相反，儿子和妈妈却欢快得像一对金丝雀——托比刚刚讲了学校组织去参观恐龙展览的事情，他不停地说自己看到了哪些恐龙。海伦在为孩子们准备课间餐的时候，托比在铺餐桌，他把玉米片放到麦片碗的前面，突然被玉米片包装盒背面的内容吸引住了。包装盒背面介绍了明年举行的恐龙图片展，每一盒都有一张恐龙卡片。他认真地看完介绍决定以后少吃巧克力脆条，多吃炸玉米片，每天早上至少两勺。

海伦在为女儿准备面包时总是特别用心。安妮通常只喝一杯茶就去上学了，所以她得保证让女儿在第一节课下课后吃一块面包。安妮自从迈进青春期的门槛之后，早上离开家前就基本不吃任何东西了。在“正常吃早餐”这场无休止的战斗中，海伦最终还是败下阵来。

有一次吉姆想给母女俩的“战斗”画上句号：“干脆给她准备课间餐面包吧，做她喜欢吃的，这样在学校饿了的时候，她自然就会吃了。”当然父母从来不能确定，女儿是否真的吃了面包，他们只是知道，安妮每隔一段时间就会要求母亲尝试改变蘸酱的口味。海伦想，女儿应该把面包吃下去了。

将近7点的时候吉姆加入妻子与儿子的快乐早餐。他给了托比和海伦每人一个早安吻。海伦马上把一大杯咖啡送到他手心，三个人坐到了餐桌旁。海伦像往常一样催促着楼上的安妮：“安妮，动作快点，20分钟后公交车就到了！”幸运的是，公交车站就在家门口。安妮充分利用了这个地理优势，在公交车来到的最后一分钟才走下楼来。终于，安妮下楼了，慢慢地坐到了桌子旁，开始享受她的早餐。托比继续兴致勃勃地讲着恐龙，但是多半只是对着母亲讲。只有在托比想气气姐姐的时候，才会与安妮说话。通常在早餐时间，安妮是一个无力保护自己的弱者。但是她会在当天晚一些的时候予以回击，彻彻底底地报复她的弟弟托比。

海伦一边用一只耳朵听着托比说话，一边忙着安排一整天的活动，她列出一张清单，记下必须做的事情。她时不时地交代吉姆或者安妮应该去做什么。和丈夫的交谈最好在夏天的清晨展开，这个时候，厨房里已经洒满了阳光。他们有时候也会在外面阳台上吃早餐。但是现在这个季节，孩子们已经坐在课堂上的时候太阳才刚刚升起，一家人都少了一些活力。海伦想让吉姆替自己去开晚上的家长会，因为他在晚上的精神会比较好，而且自己也可以早点上床睡觉。

安妮正在思考即将开始的学校生活：为什么第一节课必须是数学课，而不是艺术课、历史课或者其他科目呢？虽然她的数学还不错，但是在解数学题的时候，至少需要调动一半的大脑来发挥作用，不管她几点起床，她的大脑在10点之前根本不能正常运行。安妮拿着她的外套出门了，吉姆在后面看到了安妮T恤背后写着一句话——“早起早睡，有健康，有财富，同样有死亡”[1]——他露出了今天的第一个微笑。

1 詹姆士·托贝尔斯《时间狂言》里的一句话。

理论

毫不夸张地说，每天早晨，在几百万个家庭里都上演着与上面这个故事相同或类似的场景。这样看来，这个故事似乎没什么特别的，它从“人们在早上的清醒程度”展开。这个故事里出现了生活在“不同的世界”的人：早晨非常清醒的人与早晨不清醒的人。故事中隐藏着大量的信息，读者或许没有给予足够的重视，这些信息背后隐含着很多问题：

· 早上清醒程度的差别是由性别差异导致的吗？是由年龄导致的吗？与基因或者社会环境有关吗？

· 人们在白天不同时段的清醒程度因人而异吗？

· 如果清醒程度存在差异，那么入睡是否也各有不同呢？

· 不同的清醒/入睡类型与饮食习惯有怎样的关联？

· 不同学科的学习状态是否与上课时间或清醒时间有关？

有些问题的答案已经在案例中给出了，让我们系统地回顾一下故事的内容。故事篇幅不长，包含了日常生活中有关时间认知的不同层面，故事的第一段包含了很多与时间有关的信息：它开始于一个工作日的早晨，圣诞节很快就要到了。为了能够明确相关的时间细节，我们必须知道这家人住在哪里，不同地域会使故事朝着不同的方向发展。通过字里行间的细节展现，我们可以确定，这家人住在北美或者北欧的发达国家，因为圣诞节前户外很昏暗（一定是在北半球），此外还应该注意到其他的细节：两个孩子、电动剃须刀、校车、一栋有阳台的二层别墅、早餐吃的是玉米片和巧克力脆片、一大杯咖啡等等。

为了能够对故事做出正确的评价，出场人物的年龄也应该估计一下，虽然人物年龄没有明确给定，但是我们可以通过故事中的细节做出推测。我们先来推测相对年龄：托比貌似比安妮小，吉姆大概比海伦大一些。托比对恐龙非常有兴趣，同时也能读懂玉米片包装盒背面的文字，那么他有可能6岁或者7岁。安妮年长一些，并且（不久前）进入青春期。我们假定她大约14岁[1]。海伦和吉姆也许在30岁左右有了第一个孩子，吉姆也许比海伦大3岁。因此海伦42岁，吉姆46岁，当然，这都是推测。现实生活中，海伦当然有可能28岁，吉姆80岁。

既然我们对出场人物已经有了一定的了解，现在可以回到“清醒状态的不同类型”这个话题上了。父亲和女儿看似不是特别健谈，安妮是对父亲不满，还是因为不得不早起而闷闷不乐呢？为什么父亲并没有试着安慰女儿呢？也许他对女儿也有不满？海伦和托比看起来很愉快，他们已经完全清醒，在厨房里显得非常活跃。这个故事并不是要分析主人公的性格和家庭关系，而是要为读者展示清醒状态的不同类型，也就是揭示不同的人在早上的清醒程度是不一样的这一事实。

与吉姆相比，海伦更加清醒，与安妮相比，托比更加清醒。因此，清醒类型的差别应该不是性别差异导致的，显然也

1　关于青春期的起始年龄，世界各地略有不同，这与饮食和文化环境有关。如今人们可以通过生物化学方法来测试特定激素以便确定青春期。在实际生活中，人们通常是通过某些明显的征兆来确定青春期：女孩子的月经初潮，男孩子睾丸和阴茎的发育。四肢停止生长标志着青春期的结束。

与年龄无关，甚至也不是由基因和文化环境决定的，否则，两个大人就会同时比两个孩子早起或者晚起（年龄与性别对清醒类型的影响，我会在《青春的尽头》这一章进一步阐述）。

同时，这个故事回答了以下两个问题：

· 人们在白天的不同时段的清醒程度因人而异吗?

· 清醒类型是否反映了某些人在特定时间段醒来的难易程度?

当吉姆的孩子还没上学的时候，他没有必要早起，可以精神饱满地好好刮胡子。即使安妮没有起那么早，她似乎也要在上午10点之后才能很好地学数学。不同的清醒类型意味着不同的入睡类型。海伦在早晨非常精神，但是到了晚上她很早就困了。吉姆在工作日必须和海伦一样早起，他在早晨非常困，晚上他却特别精神——孩子们睡觉之后，他还能享受一段轻松的时光。

清醒类型看起来与睡觉时间有关。从日常生活中我们知道，每个人都有自己的作息习惯，我们称之为“时间类型”（Chronotypen）[1]，在不同的文化和语言中，人们常以鸟与时间类型相关联，例如“早起”或“晚起”的鸟[2]。人们通常都会用云雀（早睡早起）和猫头鹰（晚睡晚起）做比喻，因此，我们很容易就会误认为只有这两种类型。对人类全体简单区分为两种类型是不准确的，其中很难将众多人体特性全部考虑进来，与人体有关的任何规律都存在例外，毕竟，我们对自身的研究才刚刚起步。通过发放几千张关于睡眠习惯的调查问卷[3]，我们进行了多年的时间类型研究。定义时间点有时候不是一件容易的事情。诸如“你何时听见了枪响？”“什么时候涨潮？”或者“太阳什么时候升起？”这

1　由希腊语“时间”（chronos）派生而来。

2　早在我们开始研究人类的时间类型之前，我们就已经知道不同种类的鸟会在特定的时刻鸣叫。在中欧，红尾鸲在太阳升起时鸣叫，知更鸟、乌鸦、鹪鹩、布谷鸟、大山雀、柳莺同样在太阳升起时鸣叫。本书所探究的问题是同一种类即人类具有的不同时间类型，而鸟类时钟则描述了具有相同时间类型的不同鸟类。

3　慕尼黑时间类型调查问卷（MCTQ）。在撰写本书的时候，我们的数据库有80 000份数据。原来我们使用书面调查问卷，后来使用互联网调查。

类问题很好回答，因为这些问题可以给出明确的界定。但是，“你通常什么时候入睡？”或者“你通常什么时候醒来？”就不好回答了。让我们观察三个不同睡眠类型的例子。A的睡觉时间是22点至6点，B的睡觉时间是22点至8点，C的睡觉时间是24点至6点。如果把睡眠时间定义为入睡的时间，那么A与B属于同一类型。如果把睡眠时间定义为醒来的时间，那么A与C属于同一类型。困难在于，睡眠至少有两种彼此区别又联系的特性。在下一个章节，读者们将会读到有关睡眠时间和睡眠持续时间方面的内容。

如果以睡眠时间的中点来定义不同睡眠类型，以上问题就很好解决了。睡眠中点很容易计算：如果一个人通常在午夜入睡，8点起床，那么他的睡眠中点就是4点。“通常”这个词反复出现是为了强调这是一般的情况，不是诸如参加聚会或者需要加班的情况。A的睡眠中点是2点，B的睡眠中点晚了1个小时，是3点，C和B的睡眠中点是相同的，只不过C的睡眠持续时间比B少了4小时：他晚睡2小时，早起2小时。

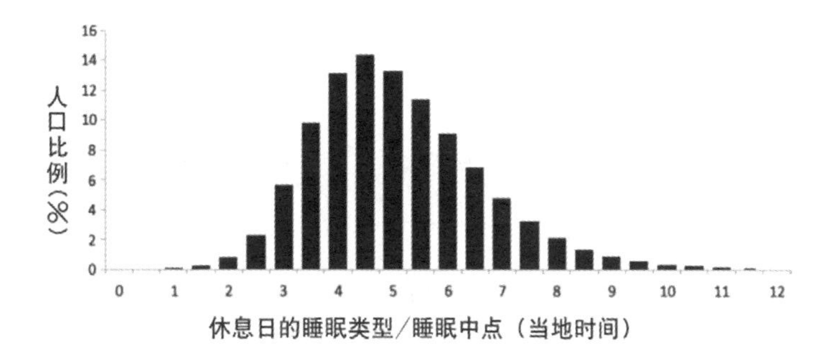

根据数据库中的海量信息，我们可以针对不同人群的睡眠习惯进行流行病学[1]式的研究。上图显示了睡眠中点在中欧的分布[2]（80 000个受访者，其中多数为德国人）。睡眠中点

---

1 流行病学原指研究一定人群中疾病的成因和分布。人类睡眠和饮食的行为也是流行病学家研究的对象。研究对象的扩展是可以理解的，因为某些疾病的形成也可能与日常的行为习惯有关。

2 为了确定一种特性或标志，我们确定一定的范畴，就像一种时间“盒子”。在上面图表中，我们把时间“盒子”确定为30分钟间隔。所有睡眠中点在1点半到2点的人都算作这个“盒子”里的人。睡眠在2点的人不属于这个盒子，我们把他算作2点到2点半这个“盒子”里的（睡眠中点是2点半的人算作下一个“盒子”里的人）。然后根据数量制作柱状图形。为了能够比较不同人群的睡眠分布，我们把每个“盒子”里的人数计算成占总人口的百分比。

的分布几乎占满了整个表盘[1]，只是分布在表盘的右侧的受访者多一些，这说明较晚的时间类型多于较早的时间类型。“云雀”和“猫头鹰”，或者A型和B型这类划分就像用“矮人”和“巨人”描述一个群体的身高一样，不能完全展现实际情况。这种成对的反义词只有在描述分布曲线两端的人的时候才有意义，这些极端情况很少被提及。

我们使用了休息日的数据作为某人睡眠习惯的判断标准，因为在休息日，人们的睡眠习惯不会受到工作或者学校放学时间的影响，而是完全取决于个体的选择，取决于人们的体内时钟。在我们的数据库中，14%的被试者睡眠中点在4点半至5点。如果一个人的睡眠时间为8小时，那么在休息

1 完全对称的分布被称为正态分布或钟形分布（因为它的形状像钟）；原本它被称为高斯分布，以此纪念数学家高斯发明了计算这种分布的公式。如果你每天都记录上班路上需要的时间，你也能够算出花费在路上的平均时间，这不会得出一个完全对称的正态分布图形。人们当然都想尽可能地缩短通勤时间，但是影响通勤时间的因素更多的是负面因素，且负面因素的威力经常还很大。如果做成图标，那么就会呈现出轻微不对称的分布，例如在我们的例子里：较晚的时间类型略多于较早的时间类型。

日这些人上床睡觉的时间在24点半至1点，睡醒的时间在8点半至9点。60%的睡眠中点在3点半至5点。少数人的睡眠中点在1点半至2点，这些典型的“云雀”们在休息日里21点半至22点就上床睡觉了，第二天5点半至6点醒来。此外还存在极端的早起类型，他们的睡眠中点无法在图表中标记出来，因为他们确实是凤毛麟角。4%的人睡眠中点在3点至3点半之间，位于分布图的末尾，很多人的睡眠时间甚至更晚。

到目前为止，我们主要是根据睡眠习惯来定义时间类型的。在本书后面的章节中，读者们会看到，时间类型的含义是多种多样的。睡眠习惯只是我们体内时间的一部分。体内时间决定了我们所有的身体机能，从基因到活跃时间，从体温、荷尔蒙的变化到认知能力（例如解决数学问题的能力）。杂志上关于体内时间的文章常常给读者们提出这样的建议——“某些时候对疼痛的感知度最低，适合去看牙医”“某些时候锻炼可以达到最好的效果”“某些时候最适合做数学题或者写诗”等等。媒体发现了我们体内时间的重要性，对此我既惊讶又高兴。但是有些文章把这种现象看得太简单了。

事实上，生物学家们考察了我们生命的绝大多数方面，我们的精神生活、情感状态、疼痛感知等。生命的存在方式和状态不仅仅受荷尔蒙的影响。因此，对于“最好做什么”“何时做”这类问题，我们应该更慎重地提出建议。即使是“什么时候去看牙医”或者“什么时候锻炼”这类建议，也应该慎重。如果人们对自己的时间类型不了解，那么这种建议的价值也是有限的，有些人的体内时间与建议时间可能会相差6小时。

不同个体在一天中的不同时间段可以完成的事情并不相同。我们的工作效率在一天之中不断变化，变化的细节取决于个体属于的时间类型。在上文案例中，安妮问自己怎样才能在不适合的时候完成数学作业，事实上，现实生活中个体的许多特性在白天和夜晚的区别非常大，不仅仅是工作效率的问题。如果在午夜被叫醒，并要求刚起床就吃东西，没有人可以吃得下，为什么安妮就不得不在自己的“午夜”时间被叫醒并且起床吃饭呢？安妮T恤上的口号不仅是对早起早睡的相关格言提出质疑，同时也表明她意识到了自己的生物钟与众不同。

第2章　早起的人和睡懒觉的人

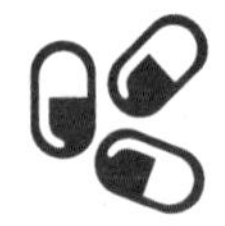

案例1

农夫走向田间，太阳刚刚升起。他遇到了一个人，友好地向这个人打招呼，心想：这么早就起来了，他一定是个勤劳的家伙。

案例2

10点30分，邮递员按下门铃。本来，如果他没听到房子里有声音，就可以离开了。但是他多等了10分钟，准备把通知单扔进信箱再走。谨慎起见，他又按了一次门铃，这一回他按的时间长了一些。终于，他听到了一个不怎么愉快的声音："马上就来"，一个蓬头垢面的年轻人穿着睡衣出来签收包裹，邮递员心想：真是个懒虫！

案例3

在见到科学家之前，一位记者不得不等了很长时间。“非常感谢你抽出时间回答我的提问，教授。我想向你提几个关于早起和睡懒觉的问题。”科学家长出一口气，把心里的抱怨压了下去，他知道，这次采访肯定要持续好长时间，他又得解释一大堆理论知识了。

理论

在不同的文化背景下，人们对起床时间的道德评判几乎是类似的：早起是好的，睡懒觉是不好的。早起的人做事有效率，早起的人会得到上帝的垂青（早晨1小时等于晚上2小时），会比其他“懒惰”的人更富有。“云雀”象征着成功人士，“猫头鹰”充其量代表那些外向的艺术家或学者，更多的时候则指向喜好阴谋诡计的卑鄙之徒。

我曾拜托世界各地的朋友帮忙收集各个文化中关于早起的谚语。“The early bird catches the worm”[1]“Morgenstund hat Gold im Mund”[2]“De ochtendstond heeft goud in de mond”[3]“A qui se lève matin,Dieu aide et prête la main”[4]“Chi dorme non piglia pesci”[5]“A quien madruga Dios le ayuda”[6]“Кто пораньше вста ет, тот грибки себе берет; а сонливый и ленивый идут после за крапивой”[7]“早起的鸟儿有虫吃”[8]。

这些谚语显然都是“早起的鸟儿有虫吃”或者“清晨时

1 英语：早起的鸟儿有虫吃。

2 德语：清晨时光口中含金。

3 荷兰语：清晨时光口中含金。

4 法语：上帝偏爱早起的人，给予他们指引。

5 意大利语：睡觉的人抓不到鱼。

6 西班牙语：上帝帮助早起的人。

7 俄语：早起的人能采到蘑菇，晚起的人和懒惰的人只能找到荨麻。

8 原文为繁体中文。

光口中含金”的翻译或变体（例如把鸟儿替换成人，把虫子替换成蘑菇或者鱼）。但是也有不一样的故事，例如来自日本札幌的佐藤本间写给我的信：

亲爱的蒂尔，

早起は三文の得（Hayaoki wa san-mon no toku）

“Hayaoki wa san-mon no toku”意思是早起的人能挣到3文钱（3文钱约等于1美元）。这句谚语的产生原因并不清楚，一个有趣的解释是：距今200至500年前，奈良的马鹿非常珍贵。如果某位奈良居民的土地上有一只死去的马鹿，他就会被罚3 文钱。这句谚语的意思是，如果某个人起得早，发现自己的花园里有一只死去的马鹿，他就有时间迅速把死马鹿的尸体拖到邻居的院子里。

佐藤

另一位哲学家朋友，阿米特巴·乔什，他来自班加罗尔。让我感到惊奇的是，他认为在印度和波斯的文化和语言里，没有这样的谚语或俗语：

亲爱的蒂尔：

虽然早起通常被认为是“好的”，但是据我所知，印地语和乌尔都语中都没有这样的民间格言。但是，旁遮普的泛神论神秘主义诗人巴巴·布雷·沙曾经写过一首诗：如果早起是接近神的方式，那么第一个发现神的一定是公鸡[1]。

诚挚问候。

阿米特巴

在某一社会中，如果全部成员的作息时间非常相似，并且，这个社会的主要生产力水平依赖阳光的话（农业社会），早起这种道德标准的确重要。因为，在这种情况下资源的获取不仅受制于空间（在哪里能找到食物），而且受制

1 在我看来，巴巴·沙的幽默之处在于：他调侃了认为早起的人比其他生物钟类型的人更接近神的看法。在他的认知中，不同的动物和植物处于不同的时间单位里。在《突破黑夜的瓶颈》这一章节中，我们将详细阐述。

于时间（什么时候能找到食物）。生物体开始相互竞争时，白昼便具有了生物学意义。在上一章的案例中，家庭成员实际上生活在不同的世界里，这种情况的进化基础就体现在早起的道德标准之中。俄文版本的早起道德标准也是一个绝妙的例子，它表现了时间生物学是如何过渡到时间经济学的。“早起的人能采到蘑菇，晚起的人和懒惰的人只能找到荨麻。”如果早起的人把所有的蘑菇都摘走了，那么他们不仅有了足够的食物养活自己的家人，也能把多余的蘑菇拿到市场上卖掉——这是双重的经济优势：早起的人不仅得到了食物，也能向晚起的人和懒惰的人出售食物。与“清晨时光口中含金”[1]是一样的道理。在现代，这句谚语转变为“云雀是富有的”或者“如果想致富，就要像云雀一样”。

我们把24小时称作一个时间结构，并以午夜作为一个新循环的开始。那么，为什么我们把一天开始的时间定在午夜而不是白天呢？白天开始的具体时间本来是无所谓的，把

1 有些人认为，这句谚语指的是代表富有的金牙。在这种情况下，“口”只是“张开”的意思，与伸开手的意义相同。

日出作为一天的开始也的确说得通，因为日出之后，人类活动或多或少开始活跃起来。但是这种规定方法也有缺点，日出的时间在一年中会发生变化：除了赤道地区，其他地区夏天日出早一些，冬天日出晚一些。为了避免这个问题，人们也可以将正午作为一天的开始，因为这个时刻全年都不会变[1]。但是正午作为一天的开始不是最好的选择。因此，我们将正午的另一面，即午夜作为零点。有些非常不错的书籍介绍了历史上人们是怎样规定时间的[2]，所以我在这里就不赘述了。

一天24小时并不是地球上唯一的时间结构，除了它之外还有3个。对于所有在海边“居住”的有机体来说，由月球、地球和太阳之间的相互影响形成的涨潮和退潮也是一个明显的时间结构。潮汐的时间间隔是12.5小时，大约是一天的一半。还有一种时间结构是月亮周期[3]，两次满月之间的间隔是

1　只有几分钟的误差，可以忽略不计。

2　比如伊安·R.巴特凯的《适合一切的时间》。

3　月亮周期也是由太阳、地球和月球之间的相互影响形成的。

28.5天。最长的时间结构是一年，大约365.25天。一般人可能认为，一年是按照天数计算的，然而事实并非如此。一年不是由地球自转，而是由地球围绕太阳的公转时间决定的。因为地球公转比365天多1/4天，因此才有了闰年。理论上，我们这个星球的自转可以用多种时间结构来划分，都不至于影响一年的长度。实际上，这也与地球的历史相一致：几百万年前，地球自转一圈只需要短短几小时。由于地球自转速度不断减慢，在未来，一天的长度将会大于24小时。潮汐、天、月和年都是周期性的时间结构，这些结构都是影响地球生命的环境因素。虽然并不是所有的生命体都同时受到以上四种时间结构的影响。但是一些生活在洞穴中的生命体或者某些生活在海洋深处的生物，却同时受到日夜和季节[1]的影响。潮涨潮落只对生活在潮汐区域的生物，或者在这一区域觅食的生物具有重要影响。月光的出现和消失只对某几种生命体具有极其重要的影响。

1　尽管在赤道一天的长度一直都是24小时，四季的变化也是存在的（雨量会发生变化）。

适应时间结构，“知道”即将发生什么变化并做好准备，对于那些生活在会发生周期性变化的环境中的生物来说是非常有利的。适应时间结构意味着能够预知未来。

如果我跟你打赌，下周的六合彩一定会出现某几个数字，你一定会和我打这个赌。但如果我和你打赌，明天早晨太阳一定会升起，那么你只会嘲笑我，不会与我打这个赌。事实上，判断太阳的升起时间也是一种预言，只不过因为生物体普遍具备这种能力，使预言失去了魅力。自然界中，生物体能够在时间结构内做出预判，恰恰是推动生物钟进化的有效力量。

在循环的时间结构中，定义顺序不是一件简单的事情。类似于“鸡生蛋还是蛋生鸡”这一古老的问题，黎明和黄昏，哪个先哪个后？午夜和正午，哪个先哪个后？如果两种现象相邻，那么前后顺序似乎就一目了然了：黎明在正午之前，正午之后是黄昏。但是，即便是这种显而易见的常识也具有迷惑性。昼夜是一个循环的体系，对第二天中午的天气产生影响的因素，可能来自前一天的黎明，也可能来自前一天的傍晚——那么，你还可以肯定地说，排在正午之前、对其产生影响的仅仅是黎明吗？这种时间方面的“鸡生蛋还是蛋生鸡”问题是对早起谚语产生怀疑的好理由。对一群拥有同样时间类型的人来说，早起的人相对其他晚起的人拥有优势，这个规律适用于大多数还未进入工业化的社会[1]，这也是为什么早起的谚语如此常见。但如果我们以工业社会的情况来分析资源获取的问题，结论似乎就不那么一定了。在第1章出现的中欧人的时间体系分布统计中，只有很少一部分早起的“鸟”会在4点到5点之间自然醒来，而晚睡晚起的人在这个时间段甚至还没有睡觉。那么，那些晚起的人为什么不在早起的人来到森林之前把所有的蘑菇都摘走呢？这样的话，他们摘完蘑菇之后上床睡觉，下午醒来之后仍可以到市场上把蘑菇卖给早起的人。蘑菇的下一次收获是在第二天早晨，那么晚起的人们甚至可以建一个蘑菇垄断组织了。如果这个关于蘑菇的例子对读者们来说难以理解，那么请诸位联想一

1　为什么计时类型的分布对工业化社会之前的社会具有重要意义，这个问题将在《永远的曙光》这一章详细阐释。

下证券交易所，华尔街前一天的行情，对接下来一天的东京交易所，以及在东京和纽约之间的交易所行情都会有影响。

本章第一个和第二个案例提供了对早起和晚起的传统看法，即早期的人是值得称赞的，晚起的人是懒惰的。这种看法在农业社会里是有道理的（例如案例1），但是在工业社会，一周七天都按钟表时间工作的传统观念就值得怀疑了。传统观念如此根深蒂固，对现代人的价值观仍然有着重要的影响（例如案例2）。邮递员为什么就不会去想，那个年轻人也许是刚下晚班回来，或者因为其他原因一直工作到凌晨。在邮递员看来，如果健康的年轻人一直睡到第二天上午，那么他就是个“睡懒觉的人”，也就是懒人。传统观念一直隐含在“早起”和“晚起”这一对词语之中（例如案例3中记者提出的问题），但是这一对词语与人们常说的苹果和梨没有什么不同，只不过，早的反义词是晚。

正如前一章所讨论的，两种主要的时间类型的人（早起型和晚起型）睡眠质量、持续时间和时间点，是彼此独立的。在一个群体中，睡眠持续时间是钟形分布的，可以与睡眠时间的钟形曲线对照（见前一章节）。下图我们可以看到，多数人都在左边（短时睡眠者），少数人在右边（长时睡眠者）。

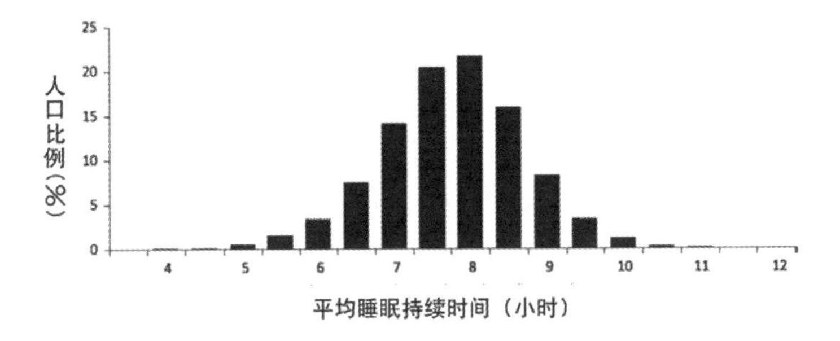

将近1/4的人需要大约8小时的睡眠[1]；将近60%的人需要7.5至8.5小时（如上图所占百分比最多的部分）的睡眠。需要少于5小时睡眠的人非常少，但是这种人仍然存在！也存在需要10小时以上睡眠的人。基于人们不同的睡眠需求，我们引入了“睡眠中点”这一概念，不过这一概念只能表示人们的睡觉时间（并非入睡时间和睡眠持续时间）。睡眠持续时间和睡眠时间彼此独立是值得注意的现象。在早起型和晚起型

1　工作日与休息日睡眠时间的平均数。

的群体中，均是既有长时睡眠者也有短时睡眠者。人们也可以反过来看：短时睡眠者中既有较早时间类型也有较晚时间类型，长时睡眠者亦如此。

文化圈中广泛存在这样一种观点：起床晚的人睡眠时间较长。产生这种偏见是因为人们假定入睡时间是相近的。但现在我们可以说：这是错误的——即使在农业社会也是错误的！那么，入睡对我们来说意味着什么呢？是我们的体内时间在夜晚发出的信号吗？当然不是，否则就不存在午睡了。入睡必然包含更多的含义。

第3章　数　羊

案例

体育馆又大又没有窗户，地上铺了长长的一排床垫，西蒙·斯坦中士在其中一个床垫上躺下。他自愿报名参加了一个研究项目，这个项目的内容就是和其他34名士兵一起，每天在不同的时间段完成相当多的心理和身体测试，项目会持续若干天，但是具体的天数没有确定。一天中1/3的时间里他们可以睡觉，其余时间需要接受测试。这看起来比他日常的工作舒服多了，因为西蒙的部队需要经常轮班，工作时长比2/3天还要长，而且工作时间段经常变化，很难适应。他已经完成了第一轮测试，现在可以躺下来睡觉了，一个汽笛声意味着可以休息了，随后大堂的灯光熄灭了。现在，西蒙躺在黑暗中的床褥上，他睡不着，脑子里思考着第一轮的测试。整个休息时间段里他都没睡着，天花板的灯就亮了，一个高分贝汽笛声指示所有人进入下一个测试环节。

第二阶段需要他们完成的任务不是特别难，有些还很有意思，比如，反应时间测试需要他们根据面前屏幕上左右两盏灯的开关情况，按下相应的左右两个按钮，另一个测试需要他们根据时间间隔举哑铃，在一张写满了p’s、q’s和d’s的纸上划掉p’s，做简单的加法或乘法，记住购物清单内容，以最快的速度骑动感单车。这么多任务将测试时间填得满满当当，在下一个任务真正开始之前他们经常以为可以休息了。

虽然已经过了许多天明暗更替的日子，但是不管数了多少只羊，西蒙仍然无法入睡，他感觉到自己的身体已经透支了。终于，几个测试周期之后，他的脑袋一碰到枕头就像土拨鼠一样睡着了，直到笛声和灯光将他从睡梦中拽起来。

虽然他确信所有的任务都和第一天一样进行得很顺利，但是他还是模模糊糊地感觉到测试负责人的热情随着研究的推进在不断减少。虽然他们从测试负责人那里不会得到什么反馈，但是西蒙是一个仔细的观察者，他觉得他们的态度发生了变化。尽管他们很频繁地轮班（不像西蒙和其他被试者那样一直参与实验），但他们看起来十分疲惫。这个项目持续的时间越长，他就越是觉得累。但是，他却在某几个测试周期中完全没有睡觉，在另外几个测试周期中反倒睡得很香。在整个实验过程中，他失去了时间概念，但是在成功完成一次测试之后他已经能够找到一点睡意了，他逐渐找到了自己睡眠的规律，觉察到了规律。在某些特定的测试周期里，无论多么困乏，他始终无法入眠。其他被试者也有同样的问题，表现为间歇性的疲倦模式。最终，这个项目因被试者的普遍疲倦而中断了。

理论

本章的案例故事是众多实验的缩影，这些实验的目的是研究人们在一天中不同时段体现出的能力差别。所有这些实验的共同点是：被试者必须在人为控制的条件下生活几天，接受无数的测试。案例故事的原型是一个由以色列士兵参加的实验。军队一直很关注这样的问题：使人疲劳的原因是什么，以及——对我来说也很重要——为什么睡眠不足会对能力发挥产生严重的负面影响。军队希望能找到一种办法，使士兵在执行任务的时候不会睡很长时间。我能够理解军队的意图，如果有种药的副作用是阻止失眠[1]，我或许会把它用在士兵身上，这样就能挽救许多生命——不仅是士兵的生命。我的观点是：如果以减少睡眠为目的对士兵使用了药物，那我就成了一台毫无情感的医疗机器。在这里我并不想过多地谈论政治问题，我只想解释，为什么军队对睡眠研究如此感兴趣。

时间生物学家（研究生物钟的科学家）之所以对睡眠感兴趣，是因为人类和其他动物的睡眠时间对生命个体的生物钟有很重要的影响。除了睡眠时间，睡眠还有许多有意思的

---

1 Modafinil就是这样一种神奇的药物，服用之后即使睡觉时间很短也没有特别的感觉，但是注意：我们对睡眠的了解很少，我们不能断定睡眠时间少有什么长远的影响。就像疼痛感是一种警告一样，我们不应该忽略睡眠。

方面，例如睡眠阶段、睡眠的功能、睡眠与免疫系统的相互影响等等。时间生物学与睡眠研究本来是两个不相干的科学分支，但是，两个领域的科学家逐渐意识到，他们可以互相学习、加强合作。睡眠的调节理论就是连接两个研究领域的好例子，该理论是睡眠研究学者阿历克斯·博尔贝利与时间生物学家谢尔盖·达安共同合作的成果。

两个人都知道，睡眠至少由两个因素调节：疲惫程度和时间。疲惫与睡眠的联系是人们在知道生物钟之前就了解的：我们清醒的时间越长，就越疲惫，这是很正常的事情。但是，在发现生物钟之前，人们就会经历那种即使非常疲惫也无法入睡的情况。

博尔贝利和达安把入睡的原因比喻为两种简单的振动模式。假定这两种振动模式分别由沙漏和钟摆提供，沙漏和钟摆将产生不同的节奏。沙漏必须人为地调转方向，而钟摆可以自动转换摇摆方向。沙漏两头的玻璃球容器就像“睡眠压力”——沙子逐渐地进入沙漏一头的玻璃球容器，正如睡意渐渐地变浓。如果“沙子”充满了整个容器，我们就睡着了。将沙漏倒置之后，沙子从一头的玻璃球容器流出，当“沙子”完全倒空之后，我们就醒过来了。下图所示的锯齿模型就表现了这种持续变换的过程。

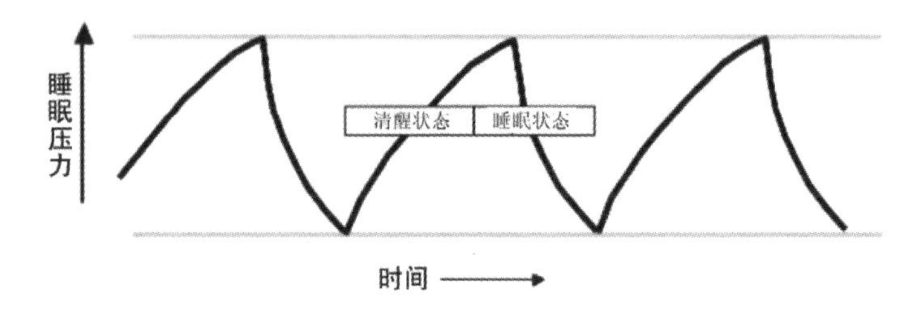

到目前为止一切解释都很顺利。但是这个模型没能解释为什么我们在某些时候即使不累也能睡很久，但是在另外一些很累的时候却睡不着。这个模型也没能解释为什么我们多数人都或早或晚在同一时间（多半是在夜晚时间）睡觉。不过，这个图却可以表现这种情况：我们某一次超过了一定的时间还没睡觉（睡眠延迟），那么我们从此上床睡觉的时间就会变晚了（见下图）。

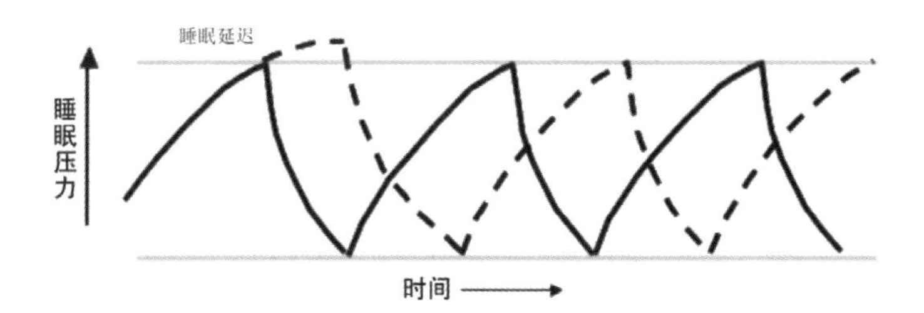

这与我们的实际经验不符：我们上床睡觉的时间或有变化，但多数人在相对稳定的时段内，入睡时间亦相对固定。后者作为同一地区内普遍的入睡时间，恰是地球上此一区域的球面背离太阳的时候。

达安和博尔贝利的理论假设日常节律在睡眠压力的最高值与最低值之间摆动。

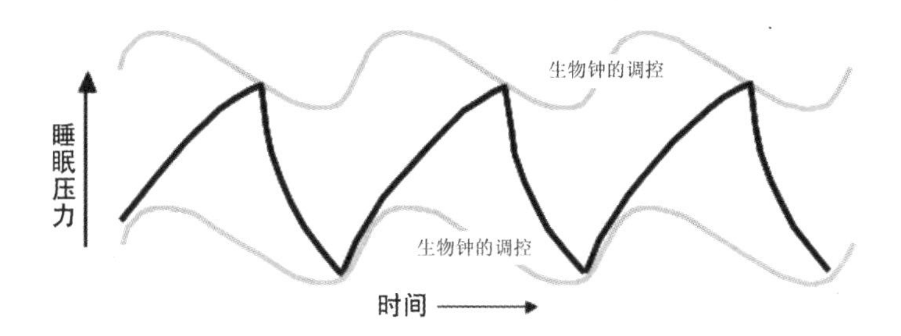

现在这一模型能够解释，为什么我们偶尔一次推迟睡眠并不会导致此后的入睡时间都随之延迟：一旦我们睡足了觉，日常节律就会将睡眠时间“推回”此前所习惯的时间。因此下面这个模型更接近我们日常的生活经验。

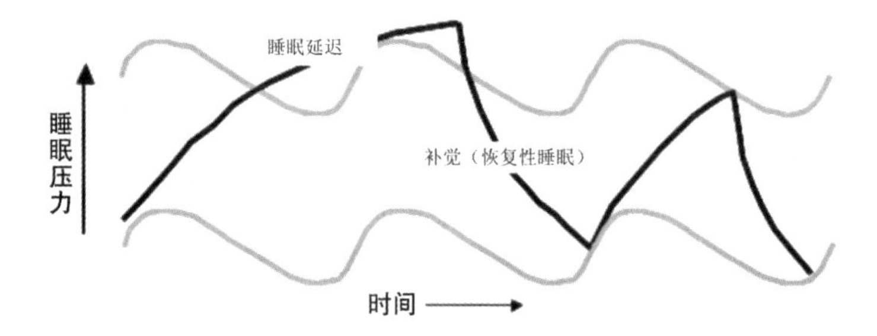

至此读者朋友们既已对科学家关于睡眠延迟的看法有所体认，我们便回到斯坦中士的例子上来。也许有读者会认为那只是个例，但个例并不会让科学家终止实验。是因为实验的要求太过严格吗？不是的，毕竟参加实验的都是训练有素的士兵，他们能够承受严酷的工作。他们所以会感到从未有过的疲惫，是因为在实验里的“一天”或者叫作“周期”太短了，只有30分钟！前20分钟他们接受测验，然后汽笛响

起，灯光熄灭，他们必须迅速躺到床褥上，睡10分钟。如果睡眠只经由清醒的时间间隔来调控，那么士兵们便不应有任何抱怨。鉴于每30分钟就可以睡10分钟，那么他们理应得到了足够的睡眠。但事实上，他们从未有过如此强烈的睡眠压力。

睡眠的调控是非常复杂的：实验的第一个小时里，士兵们都睡不着，因为他们还未达到睡眠压力的最高点。在实验的后期，睡眠需求达到了最高点，但他们的睡眠却无法维持8小时，而是每10分钟就被叫醒一次，然后接受20分钟的测试。达安和博尔贝利的模式并没有表明的是，在一天24小时中，不管多累，我们都需要一段时间才能入睡。睡醒后通常保持一天（12小时）的清醒状态，这也是斯坦中士在10分钟内不能入睡的原因，在一般条件下，他只需一会儿便可以睡着，但是实验没有给他足够的时间。最后，鉴于士兵们都处于缺乏睡眠的状态，实验便也难以为继。

有趣的是，我们体内时间的一天里，有一段时间是睡意最少的，后者与我们最困的时间之间的间隔很短，看起来似乎是睡眠禁区[1]。这一现象就是在上文案例的实验中被发现的。

睡眠减少也应用在严刑拷问中。多数情况下，这一招确实管用，缺点就是最后犯人可能会疲惫到失去意识，或者开始承认他从未犯下的罪行。我还真的接到过一个警方审讯部门的电话，那位警官问我能否从时间生物学和睡眠研究者的角度给他提供一个方法，用以减弱犯罪嫌疑人的防御意识。我礼貌地答道，他可以滚开或者给国际人权组织打电话。

本章介绍了睡眠调控的多种因素。我们不会因为累极了就睡着，体内生物钟调节着我们的入睡时间和睡眠质量。然而这种生物钟究竟是什么，怎样发挥作用，具有怎样的重要性？第一个发现这一生物学重要基础的科学家又是谁呢？

1 睡眠禁区被研究者们称为“清醒维持区”。

第4章　好奇的天文学家

案例

在1729年夏天的一个美好傍晚，法国天文学家让·雅克·德奥图·德梅朗坐在书桌旁写论文。他停了下来，失神地看着窗外晴朗的夜空，思考着一个深奥的句子，我们之中的部分人在集中精神思考问题的时候也是这样。虽然外面还没有昏暗到需要点灯来工作，但是天空的光线清楚地表明，就要到晚上了。德梅朗还没能理清思路写出浅显易懂的文章。他将目光转回房间内，落在了窗台上花盆里的一株植物上。这是一株含羞草，它有细细的毛茸茸的叶子，是他最爱的植物之一。德梅朗的思绪又重新回到现实世界，他发现含羞草已经“睡觉”了：白天的时候它的叶子是张开的，而此刻它的叶子已经合上了。德梅朗很羡慕这株植物，它可以一直遵循规律不动摇，始终准时入睡。他问自己，人类的清醒和睡眠状态是否和叶子的张开、闭合状态是一样的呢？可惜他的生活未能遵循规律，尤其在写东西的时候，他经常会一直工作到凌晨，直到累得握不住羽毛笔为止。但是上床之后，他很长时间都睡不着，还在想着文稿。等他醒过来的时候，太阳已经高高升起了。

这天晚上，在睡着之前，他一直在思考人的睡眠和含羞草的睡眠是否有共同之处。他想，绝大多数的动物都会睡着，植物难道就不可以吗？但是从另外一个角度想，植物不像动物，它们既不会乱跑，也不消耗精力，为什么它们需要用睡眠来恢复精力呢？和人类以及动物不一样，植物是在固定的地方生长的，它们不能离开阳光，完全依赖于昼夜变化。或许撑了一天的叶子对植物来说是非常疲惫的事情。白天植物张开叶子，是为了吸收阳光还是为了给植物的下半部分创造一片阴凉？不管怎样，叶子都不需要在日落之后张开了。所以叶子的活动明显与明暗变化有关。但是为什么含羞草的叶子在日落之前就闭合了呢？当然，太阳的位置在一天之中会发生变化，傍晚的时候日光就不是从正上方射下来了。因此叶子的状态适应太阳的方向变化，以便吸收阳光或者制造阴凉，对植物本身是有益的。德梅朗经常观察植物的叶子是怎样朝向太阳张开并随之运动的。他思考这个现象越多，便越清楚这与阳光和黑暗都有密切的联系。

虽然才凌晨3点，他却突然醒了，然后猛地坐了起来。他想到了一种测试叶子运动与太阳运动的关系的方法！德梅朗从床上跳了下来，跑进了工作室。他匆忙打开书桌下面的柜门，拉出所有的抽屉，给含羞草腾出空间，然后把花盆放进去，最后关上门。这个简单的实验让他十分兴奋，他甚至没指望还能睡着，可是当他回到卧室，几乎在还没上床的时候就马上睡着了。第二天早上待他醒来已经很晚了，过了一会他才想起来，昨天夜里他开始了一项实验。他又从床上跳了起来，奔下楼冲向工作室。他拉上窗帘，使整个房间尽可能地变暗。然后他小心地打开书桌的门，使脑袋刚刚好能探进去。让他吃惊的是，虽然含羞草完全处于黑暗之中，但是它已经“醒”了，像以往那样张开了叶子！

继续专心写文稿对他来说是有点困难了。又是阳光明媚的一天，他决定到室外去工作，这样他就能把工作室的窗帘拉上了。大约每隔一小时，他就进屋去看看书桌下面处于黑暗中的含羞草。含羞草的叶子一整天都是张开的，直到下午晚些时候才开始闭合。在太阳还未完全落山的时候，叶子已经完全收拢了。当他半夜上床睡觉的时候，含羞草已经“睡”熟了。

在接下来的几天里，德梅朗迅速地记录着他的观察，所以他一直没睡好。将近一个星期的时间里缺少睡眠，他累得在晚上 8 点到 9 点就睡熟了。半夜他醒来，从卧室的窗户向外看，虽然外面还是很暗，但是已经破晓了。他走下楼，想要再看一眼置于书桌里黑暗中的含羞草。工作室拉着窗帘，里面漆黑一片。他不得不点燃一根蜡烛才能看清四周。然后他把蜡烛放在了离书桌尽可能远的地方。眼睛适应黑暗之后，能够很清楚地看清昏暗的房间了。他将书桌柜门拉开一条足够用来观察的小缝。他看到，含羞草已经开始张开叶子了。他持续进行了几天这个小实验，然后确定，含羞草的叶子一直遵循着和之前在窗台上一样的规律。

显然植物“能够知道”太阳的位置，“知道”什么时候是白天，什么时候是黑夜。实验进行的下一个阶段里，德梅朗试着将他的时间安排提前，以便他在日落之后，以及阳光穿过窗帘之间狭窄的缝隙射进工作室之前打开柜门。每天早上太阳升起之前，含羞草的叶子就已经张开，晚上日落之前叶子又合上。它就好像一个整天躺在床上不见日光的病人一样，但一直是晚上睡觉、白天清醒的状态。德梅朗推断，叶子的运动，至少是含羞草叶子的运动，应该不只是对光线和明暗的反应。在1729年夏天接下来的日子里，他重复了多次实验。每次他都把这株植物放到黑暗中好几天，然后又将它置于阳光下，因为它需要阳光。他为了观察其他植物的状况，甚至还从朋友那里借来了几盆含羞草。每次他都能确定叶子的运动在持续的黑暗中并没有发生改变。这个实验结果是多么有意思。他放下了本来还想在这个夏天结束之前完成的文稿，开始了“植物观察”。如果能看到其他植物是否也是这样，就更有意思了。显然决定植物叶子张开闭合的并不是光线——可能是温度。如果是温度的话，用取暖炉就能确定。虽然叶子的节律看起来与植物本身的节律有关，与光线无关，但是德梅朗提出了这样一个问题：如果用人工的光线变化代替自然的昼夜交替，那么叶子的节律变化规律是否仍然不受影响？

理论

德梅朗是发现昼夜明暗节律的第一人。他发表的报告出现在一篇重要的科学论文中，只有350个单词，7个很长的句子，是当时（也是现在）典型的法国式写作风格。就是在同一年，法国科学院的成员N.马钱特发表了一篇报告，含羞草实验即包含在内。文章最后两句话表明德梅朗每天的工作不允许他一心扑在不相关的实验上，但他希望植物学家和物理学家能够解释这个实验的结果，即使他们也有其他的事情。

德梅朗发表的报告经过证明都是真实的，并且他的观察项目随后经常成为其他植物学家和动物学家（包括达尔文）的研究对象。直到两百年后，植物学家、动物学家和生物科学家们才开始用现代的方法研究可能存在的体内时钟的运行机制。而第一个发现这个现象的法国天文学家德朗梅，却因为太过繁忙，所以没能继续他的实验。

第5章　失去的日子

案例　第一部分

年轻人坐在书桌旁，显得非常满足。他把时间安排得很好，两周以后博士论文就完成了。他站起来，离开他那简陋的、没有窗户的单人间，走向小厨房想煮一壶开水冲咖啡。水正烧着的时候，他开始写购物清单：咖啡、牛奶、黄油……写完清单之后他又检查了一遍，然后他打开隔音效果非常好的大门，把纸条放在门外架上的格子里。架子旁边是另一扇锁上的门。

在年轻人往房间里走的时候——他的房间在这几个星期里既是他的卧室，也是餐厅，同时又是办公室和起居室——他突然想起了什么事，快速走到书桌前，按下一个按钮，就像这个按钮是旅馆房间的服务铃似的。铃响了，什么事情都没发生。1分钟之后他再次按铃。这个动作他今天重复了15次。虽然按铃之后无事发生，但是他对此毫不惊讶。水壶的汽笛声提醒他水开了，年轻人转过身，差点被一条电线绊倒。当他第二次按下按钮的时候，他改变了自己的计划：他不想用烧开的水冲咖啡了，他要冲一份速食汤，毕竟他已经写了一整天的论文，特别疲惫，只想结束这一天。

吃完晚饭后，他洗了个澡，然后躺在床上，拿起放在书桌上的日记本。他仔细地把过去16小时做的事情、头脑中的想法和感受全部写下来。然后，他从床上坐起来，又按了一次桌子上的按钮，等待了大约1分钟，最后一次按下按钮。随后他钻回被窝进入了梦乡——这时，他的灯仍然是开着的。

案例　第二部分

当年轻人睡觉的时候，一位年轻的女士手里拿着一个托盘走上楼梯，楼梯通向小山丘。这是春天里一个阳光明媚的清晨。她开始了一天的工作。打开厚重的铁门之后，她走进一个阴暗的房间，这间屋子里满是科学仪器和电线，一直堆到天花板。她打开灯，检查了设施的情况后，转身打开了另一扇门。这扇门通向一个灰暗的有很多隔层的移动架子。她把几个瓶子和一张写着购物清单的纸条拿出来放在托盘里，锁上门，离开了小山丘，走进另外一栋大一些的楼房里。在那里，她走进一间屋子，房间里有一个木制的壁橱，她把托盘放在试验台上，台子上还摆着很多科学仪器。

实验室的尽头有两位科学家正在讨论他们的实验结果。其中一位转过身朝向刚刚走进来的年轻女士。

“地下室那边情况怎么样？”

“他在睡觉，但清单上写着，他需要一些食物。等我把尿样处理完，我就马上下去买东西。”

“好的，卡伦，今天是最后一天了。大概10小时之后，一旦他醒来我们就进去。他会吓一大跳的。”

“那么我最好买一份日报。”卡伦笑着说。

案例　第三部分

几小时之后，年轻人醒来。他感到精神抖擞，在过去的一个星期里他每天都为没有闹钟打搅他的晨觉而感到开心。就像昨晚一样，他从床上爬起来走到书桌前按下按钮，等待了大约1分钟，然后再按一次。这一次，让他大为吃惊的是，按铃之后房门打开了，一个科学家小组走了进来。小组的成员包括一位年长的教授和他的两名同事。

“你们几位到这里来干什么？出了什么问题吗？为什么中断实验？你不是说，除非我想退出，否则两周内我与其他人不能有任何联系吗？”

“没错”年长的教授回答，“我们也遵守了实验的规定。非常感谢你对我们实验的帮助——你孤独的日子已经结束了。”

就像有了行动时间表一样，年轻的女士收集了尿样，拿出一份报纸递到吃惊不已的年轻人面前。年轻人看着报纸标题，读出了日期。

“你们是在开玩笑——我不可能搞错两个星期的时间！

我当然知道没有钟表我不可能和外面的时间完全一致，但是……现在到底几点？”

他很期待最后一个问题的答案，他注意到，在最后几周里他对时间的概念有些模糊了，他看到进来的几位都带着手表，突然来临的确定感此时对他非常重要。

“现在是晚上8点，4月4日。你已经在地下室里度过63天了，是我们最好的被试之一。外面的一天是24小时，但对你来说，一天的长度是40～50小时。”

“怎么会是这样？每次当我觉得1小时已经过去的时候我都会按这个该死的按钮，一天之内我按下按钮的次数没超过16次。难道说我把时间都浪费在睡觉上了？该死的——我以为写论文的计划我都准时完成了。”

“不，不，实际上一天之中，你的睡眠时间不到1/3，并且与正常的一天中的睡眠时间比例相同。如果你16小时都是醒着的，你的睡觉时间仍然是8小时。但如果你在32小时里都是清醒的，那么你的睡觉时间就变成16小时了。并且，如果你度过了32小时的一天，那么你所感觉到的1小时的时间也就加倍了。所以时间的变化你没有觉察到。”

“但是我的一天三餐都没有变啊，我从来没感觉到特别饿，食量也没有变大。”

“这也是我们感到非常兴奋的一点。你的一天变长了，你的时间观念确实扩大了。你对1小时的感觉加倍了，虽然你12小时才吃一顿饭，三餐的习惯却没有改变；我们的记录显示，你的体重没有减少。我们不知道怎样解释，但是通过与地上公寓的联系，我们得知你在这样长的一天里不是特别的活跃——这也许解释了为什么虽然你在24小时内所摄入的卡路里只有正常值的一半，但体重却没有减少。只有你的体温没有适应变长的一天，而是一直按照25小时（没错，比24小时长）的节律变化。当你的一天有40至50小时的时候，你身体的一些部分还是按照大约24小时一天来运行。”

年轻人忘记了刚才他还在为几乎失去了生命中的两个星期而震惊，渐渐地他听着科学家的话入了迷。

“在第一个星期里，你有手表，地下室的门也是开着的，你的生物钟与正常的24小时保持一致。你在接近午夜上床睡觉，大约8小时之后醒来，大约清晨4点体温达到最低点。后来我们把钟表拿走了——只剩你体内的时钟，这样你就开始按照自己体内的时间生活了。渐渐地你的一天越来越长，每个循环周期都延长了一个半小时。你的体温周期也变长了，但是只增加了1小时。若干个循环周期之后，你上床睡觉的时间，正是你体温达到最低点的时候。”

在接下来的一星期里，你的工作休息周期和体温循环周期都是同步的，它们决定你一天的长度是25小时，你上床睡觉的时候总是体温最低的时候。大多数在地下室接受试验的人都是这样，并且在度过了大约10天没有钟表的日子之后，活动休息周期开始逐渐慢于体温变化周期，两种周期彼此分离了。在很多个日子里，这两种周期之间没有任何关联。直到你的睡觉与醒来的节律延迟到一定的程度，便再次与体温最低点相近，然后两者又再次分离。

年轻人还有几千个问题想问，但是教授建议他先去山上的修道院酒店，参加实验结束的庆祝会。庆祝会上他们能够详细回答他的问题——只要他们知道问题的答案。

理论

在20世纪30年代，植物学家们再次将研究转向了百年未解决的问题——体内时钟是怎样运行的。在多次实验中，他们证明了德梅朗的观察是正确的，并且发现了许多在明暗条件和温度循环变化的情况下，内部时钟的运行规律。直到第二次世界大战结束之后，对体内时钟的研究再次蓬勃发展起来。在这个领域两位最重要的先锋人物是德国的约根·阿绍夫和邵特·科林·皮腾德莱——他当时在普林斯顿工作，后来到了斯坦福大学。20世纪60年代早期，阿绍夫被任命为马克思-普朗克协会的研究分所所长，这个分所是由两位现代行为心理学家艾里希·冯·霍斯特与后来的诺贝尔奖获得者康拉德·洛伦茨建立的。新落成的研究所坐落在巴伐利亚的中心，“圣山”附近。“圣山”上有最著名的传统啤酒厂——安戴克斯修道院酒厂。

阿绍夫和他的同事吕特戈·威沃想弄清楚人类是否也与许多植物和动物一样受到体内时间系统的控制。虽然多数研究生物钟的科学家不再怀疑生物钟的存在，但是部分研究者仍然认为，人们不可能建立一个完全不受外界时间影响的环境。他们声称，可能存在目前未知的、与地球自转相联系的因素，在操纵我们的循环活动。由阿绍夫和威沃着手建造的安戴克斯“地下室”，是在山丘的内部修建的两个小房间，理论上在小房间里时间是静止的。地下室内部排除了一切可能使被试获取时间信息的因素。没有窗户，完全没有声音，就连在附近街道上行驶的重型卡车产生的震动都不会对这里有任何影响。地下室甚至还有金属外壳，阻止电磁波动的干扰。

进入小房间的路是一条走廊，这条走廊由两扇厚厚的门分隔，其中一扇门只能在另一扇门锁上的时候才能打开。走廊连接了地下室中没有时间的世界和地下室外有时间的世界。走廊中的架子，用来放置被试的购物清单和装尿样的瓶子。通过分析尿样，科学家可以检测被实验者每天新陈代谢的变化，例如钾、钙以及一些可以反映激素变化的物质。科学工作者们不定期地进入走廊，甚至可能在午夜进去。这样是为了防止被试根据物品送达、样品收集的情况来推断时间。房间的地板里有电子设备，用来记录被试验者移动的时间和频率。为了记录被试的体温，后者必须带上直肠探管，探管通过固定在腰带上的导线与墙上的插座连接。此外，他们还必须写详细的日记，记录每天身体和心里的感受。

根据科学研究目标的不同，研究持续的时间从一个星期到几个星期不等。有的时候，实验房间被分成两个独立的单元，被试只有一个；有的时候，实验的目的是研究群体中不同个体的生物钟是怎样互相影响的。

虽然在进行地下室实验之前，关于植物和动物拥有自主运行的生物钟这一想法已经得到了全面的证明，但是对人类的实验结果却使那些想证明人类的体内时钟与其他生物体内时钟运行方式相同的科学家感到愕然。在每一次实验的第一天里，被试都保持着与外界正常时间的联系，不管是外界的人还是阳光都可以进入实验室。此后，他们不再有时间指示，他们每天的生活规律一定程度上会保持不变：2/3的时间是醒着的，1/3的时间用来睡眠。在地下室里的生活与外界生活存在一点不同，在多数实验中，由被试体内生物钟决定的时间比24小时长一些。另外一个重要的不同之处是，被试通常入睡的时间是其体温达到最低点的时候。而在外面的世界里，我们的体温达到最低点的时候是我们的睡眠中点（入睡到醒来的时间段的中点）。

多数的实验中，被试的身体节律都是同步波动的，这就是说，他们的周期都是24到25小时。少于1/3的被试验者的检测结果令人吃惊：他们体内不同节律的运行周期都不同，而且差距越来越大。例如某个被试的体温每25小时达到一次最低值，然而他却每隔40小时才睡一次觉，似乎他们体内时钟的指针已经彼此分离不再同步。这个观察结果显示，控制我们日常身体活动的生物钟不只有一个。

在身体节律不同步的被试之中，多数人的行为性节律（睡眠/苏醒，安静/活跃）都比基本生理节律（体温和激素的上升和下降等）慢。另外有些被试的行为性节律和生理性节律的不同步则正好相反：行为性节律“一天”的周期比生理性节律（circadian）“一天”的周期（约为24小时）短。

阿绍夫与他的同事们于20世纪60年代末发现了身体节律彼此不同步的现象。在与外界时间隔绝的情况下，动物的行为节律可能会变长也可能会变短，甚至会分裂成两个独立的部分。行为性节律与生理性节律的明显分离看起来是人类特有的（关于这一点，我将会在《时间生物学》这一章节详细阐述）。在上文中，有几个被试在地下室里度过的“一天”是平常一天的两倍，甚至更长。但即使在这种情况下，他的体温节律和其他生理节律仍是保持在24小时左右。

阿绍夫对身体节律分离的解释经常受到批评，批评者的理由如下：身体节律出现明显分离的例子中，睡眠周期通常是体温周期的两倍。因此被试在由其体内时钟所决定的“一天”里，经历了两次体温最低点：一次是他在夜间睡觉的时候，另一次是他活跃期的中点（这时他一般都会想睡午觉）。很多这样的被试的午觉时间都变长了。因此批评者认为，所谓的“午觉”实际上是夜晚的睡眠，被阿绍夫和他的团队错误地认为是“午觉”。

虽然反驳的观点有理有据，但相关的实验中也有一些支持阿绍夫对身体节律分离的观点的证据。正如本章案例部分描述的那样，被试在地下室里的“一天”很长，然而他在日记中并没有明显地表达不寻常的感受。他仍然吃三顿饭，食量并未增大。另外他们在如此漫长的一天里，平均每天只有一次排便。最有力的证据在于被试的主观时间感觉。为了观察在没有外界时间信息的环境中，被试的时间观念会有怎样的变化，被试被要求进行时间估计。就这点来说，地下室的实验者很像《鲁滨逊漂流记》的主人公——他们会开始仔细观察环境，尝试估计时间。被试如果感觉一天按了32次按钮，便会马上记在日记本里。根据阿绍夫的理论，如果被试在地下室度过的“一天”的长度延长了，他所估计的“1小时”的时间也可能有所延长。即使被试度过的一天有50小时也是这样（如果被试的“一天”变成了50小时，那么他的“1小时”就变成了2.08小时）。但他对在分钟层面上的简短时间的估计并未随着“一天”时间的长短变化而改变。对简短时间的估计一直未变，可以作为对被试并未觉察一天变长的一个解释。例如他们经常听的音乐就反映了一个固定时间段，如果对简短时间的估计改变了，他们是应该能够感觉到的。（诸如他们可能会在日记本上写道：“我有这样的一种感觉，我的留声机似乎疯了，它转得越来越快。”）

不管存在多少对地下室实验结果的阐释，这些实验都向我们展示了一个极具吸引力的生物钟世界。每个人的体内时钟在与外界时间隔离的条件下的反应各有不同。每个被试都生活在个人的时间里，某些人甚至同时在不同的时间里生活——他们的生理节律和行为节律均不相同。阿绍夫的记录同时显示，被试的身体各项功能越一致，他们的感觉越舒服。

你也许会问，为什么我们的行为节律如此缓慢（多数超过24小时），并没有跟上正常时间的脚步呢。暂且不管一部分人在地下室里所度过的“一天”的准确长度有多长，他们的生理节律总是和行为节律相差1小时。在与外界时间隔绝的条件下，大多数动物和植物的体内时钟也不是一天24小时。进化使我们的身体具有了一些非凡的功能，但是为什么进化却不能给我们一个准确的生物钟呢？这是一个进化中被遗漏的缺陷吗？

有人会解释说，体内时钟的准确性不是很重要，否则在进化的过程中必然会被矫正。这种观点似乎有它的正确性，但实际上，这个论题是一种循环论证，类似于一些宗教问题（既然上帝是全能的，那么为什么上帝不能做这样或者那样的事情）。另一方面，德梅朗发现体内时钟在持续黑暗的环境下仍然在继续运转，也就是说人体的身体节律并不仅仅是对白天、黑夜的变化而产生的被动反应，而明显它是由一个内在机制控制的，这让很多科学家都非常感兴趣。体内时钟的很多特性都是在没有时间变化的、与世隔绝的实验环境中体现出来的，这样的环境与不断变化的、真实的外部世界不同。除了少数一些例外——例如居住在洞穴里和深海里的生物——有机体一直经历着明亮、温暖的白天和黑暗、寒冷的夜晚，并且世界上多数生物在年复一年、日夜不停地变化中也表现出不同的特性。环境的改变促使我们的身体节律发生了改变，也就是说，我们的生物钟之所以是现在这个样子，完全是千百万年来进化的结果。然而体内时钟到底为什么不受外界时间的影响而自顾自地持续运行？在本书中，我们将会在后续章节里回顾这样一个问题：体内时钟是怎样产生的？它们赋予了生物怎样的生存优势？

虽然本章节描述的地下室实验完全是人造的、不自然的，与平常生活毫不相干，然而我们还是可以经由多个角度从这一实验得出以下结论：

1.我们身体经历的时间由内部的生物钟决定（就像其他生物一样）；

2.因为体内时钟决定的“一天”（循环周期）并不是24小时，所以显然须在现实生活中对这种时钟进行不断地矫正；

3.生物钟周期可能因人而异；

4.如果我们的身体节律中的行为节律和生理节律频率相似，我们就会感到非常舒服。

第6章　当黑夜变成白天

案例

7点钟，闹钟把哈瑞特从睡梦中拽出来——她还没睡几小时。她怒气冲冲地按下停止按钮，翻了个身很快又睡着了。几分钟之后，闹钟再次毫不留情地响了。这个过程持续了半小时。虽然她知道今天又是一个美好的星期天早晨，预示着温暖的一天即将开始，她仍然感到自己像冰冻的木头，非常疲惫。在半睡半醒之间，她感觉她的金毛犬萨莉已经精神抖擞地开始舔她的脸了。萨莉不断地“吻”她，使她没办法继续打盹，哈瑞特关掉闹钟，从床上跳起来，穿着拖鞋走进厨房，她喝了一杯热咖啡，然后舒服地洗了个澡。

哈瑞特的状态很普遍：晚上睡不着，早晨起不来，直到下午她才能真正清醒，每个月她都会经历这种状态。在一个月的前两个星期里，这种情况十分严重，剩下的两个星期里会逐渐好转。她坐在厨房餐桌旁，拿着咖啡勺时，甚至都没力气把面包咽下去；她用半只耳朵听早间新闻，盼望着一周半之后她能在晚上睡着在白天清醒。她忘记了时间，在餐桌旁坐着几乎睡着了。突然她发觉9点的新闻已经开始了。哈瑞特快速地把剩下的咖啡喝完——如果没有咖啡因她可能都无法正常做事——她拿起包，把萨莉的食碗收起来，走向楼梯。她花了比清醒的日子里更长的时间把房门锁上，然后牵着萨莉——或者准确地说是萨莉牵着她——走到大街上。她走到公交车站，听到公交车来的声音，她小心地上前一步。公交车的门打开时，她听到了司机友善的问候："早上好，哈瑞特和萨莉。"她坐到平时一直坐的座位上，开始筋疲力尽地想，为什么她和其他与她相似的人都不一样。

理论

也许你已经把最后一句话读了不止一遍，因为你感到有点奇怪，为什么责编能让我发表这样没有意义的句子。我非常确定，责编在读完本章节的背景部分之后，马上就认识到了这句话有多么值得注意，然后决定保留这句话。我是有意把这句话写得这么奇怪的，因为它指出了本章节涉及的问题。也许你对哈瑞特的难题有自己的解释，例如作为女人，月经也许是造成睡眠问题的原因。在这个案例中，你的假设是不对的——哈瑞特的睡眠问题与体内时间系统有关。

在前一个章节你已经读过，多数人的体内时钟决定的“一天”比24小时长一些。简便起见，我们把被试在地下室里度过的“一天”算作25小时整，他的行为节律与生理节律没有出现不同步。我们继续假设，他终生生活在地下室里，通过互联网为一家公司工作。我曾提到阿绍夫和威沃为地下实验室设计了过硬的防护措施。这样做是因为当时人们不知道哪些因素会对体内时钟产生作用，所以只能尽可能地消除外界的影响。50年之后，我们才知道，只要被试处于没有窗户、不知白天黑夜，也看不到钟表的房间里，体内时钟就会完全自主运行了。法国天文学家德梅朗把他的含羞草与整日躺在床上、不知白天黑夜却仍然保持正常行为节律的病人做了比较，他虽然发现了植物的身体节律在持续的黑暗中仍然继续进行，但是并没有记录叶片活动的节律，因此他也未能发现自主运行的行为节律比外界一天24小时的周期长或者短。

生活在地下实验室的被试有一个难题。他自己的一天有25小时，但是外界的工作时间是一天24小时。因此被试验者必须在每天早起1小时，才能准时地打开电脑开始工作。12天之后，他的体内时钟比外界时间晚了12小时，他不得不在体内时钟的“午夜”开始工作——对他来说“黑夜变成了白天”。再过12天之后，他的体内时钟与外界时间再次一致，所以被试又能在早晨精神饱满地起床开始工作了[1]。

1　请注意，这个故事并不是真的。故事的原型来自阿绍夫共同进行地下室研究的学者——吕特戈·威沃。他进行实验的方法是，每天在同一时间用一个铜锣把被试叫醒。实验中他发现，人的体内时钟是以24小时为周期的。他得出结论，与植物和动物不同，人类以社会节律为准。很久之后，人们才发现，被试其实是通过铜锣响起的时间和明暗变化来矫正体内时钟的：睡觉的时候，他关上灯；第二天铜锣响起的时候，他打开灯。只有在被试一直处于微弱光照的条件下工作和睡觉，才会出现我所描述的情况。

读者们自然会想到，哈瑞特的症状与地下室被试的情况非常相似。虽然她生活在普通的环境中，但她的体内时钟仍无法与外界时间保持同步。这是为什么？也许一些读者在读了案例故事之后做出了这样的假设：哈瑞特是盲人，萨莉是她的导盲犬。这样假设的读者们完全答对了。案例中最后一句话的意思是：哈瑞特想，为什么她与其他盲人都不一样。别人能一直睡得很好，而她只有在一个月中的一半时间里才能睡个好觉。

光照是地球上的动植物包括人类校准一天24小时节律的主要信号。但是哈瑞特是盲人，她的体内时钟不受白天黑夜的影响而自主地运行着——所以，她和地下室的被试非常相似。

直到不久之前，眼科学家们才确认，哺乳动物的眼睛是解剖学和神经科学家们最好的研究对象。眼睛为我们的大脑提供外部世界的结构信息，使我们以及其他动物能够找到食物、发现敌人、辨认父母或同伴——眼睛也使各位读者能够看到这一行字。当我们想到眼睛的时候，第一个联想到的就是视觉信号是如何形成的。光照通过晶状体进入眼睛，在大脑内像摄像机一样将外界的影像投射在眼球后壁上。眼睛的这一部分，即视网膜，由百万个微小的光线感受器组成，能够“探测”影像。在电子时代，人们可以说，影像被翻译成像素。在感受器与相邻感受器交换信息之后（例如为了加强对比），某些感受器就集合起来将收集到的信息打包。打包信息反映了视网膜处和外界特定区域的光线质量，并通过视神经传递给大脑。

我们有两只眼睛，这使我们的大脑能够获取足够的信息，能够看到三维的世界。左右两只眼睛储存的信息是不同的信息碎片，只有将这些碎片恰当地整合起来才能为大脑高级神经区域提供有意义的信息。因此部分视神经必须与大脑的另一半交汇。这种神经交汇发生在鼻梁根部后面几厘米处，形成视觉中枢[1]。

在视网膜中存在两种光线感受器。视杆细胞负责探测微弱光线下的图像，在“内部屏幕”上投影无色的图像。

1　中枢（Chiasma）来自古希腊语，意思是“用十字做标记”。

如果光线比较充足，视锥细胞就会为大脑提供彩色的影像。光线感受器高度专业化，每一种都能接收波长（光色）相对短的光谱。如果视网膜只有一种光线感受器，那么大脑就不能辨认颜色了——可能只有明和暗两种像素的影像。在昏暗光线下我们不能看出颜色，就是因为我们的视网膜此时只有视杆细胞能够工作。只有在至少两种接收不同波长的感受器能够同时“观察”同一影像并提供可比较的不同信息时，大脑才能辨认出颜色。如果有一个感受器专门负责红色，另外一个感受器专门负责蓝色，且两个感受器都在“观察”一颗草莓，那么红色感受器传达的信息是“非常亮”，蓝色感受器传达的信息是“非常暗”。在“观察”蓝莓过程中，他们向大脑发送了相反的信息。颜色辨认功能在两种以上不同的感受器共同工作时才能起作用。我们（以及很多其他动物）拥有三种不同的视锥细胞，分别负责红色、蓝色和绿色。色盲产生的原因，就是基因限制了一种或者若干种视锥细胞的生成。

在这里我花了一定的篇幅解释视觉产生的科学基础，是因为光线的接收对于理解体内时钟非常重要。上述这些科学结论都是在20世纪80年代得到了详细解释的，科学家们开始理解光线信息传导至神经脉冲（进入眼睛里），直到在大脑（细胞壁[1]）内形成影像的过程。如果有人认为眼睛是视觉活动的中心，那么他就会对英国时间生物学家罗素·福斯特提出的问题感到疑惑——福斯特问，光线对体内时钟有着怎样的影响？在详细论述福斯特这个问题的重要性之前，我必须对之前的内容加以回顾。

在前文中，我们说到人类的体内时钟往往长于24小时，事实上，这样的情况也发生在小老鼠身上。和孩子们一样，时间生物学者中的很多人也对仓鼠和小老鼠很感兴趣。这种动物非常喜欢爬轮子，因此很容易观察出它们每天的活动节律。“无聊的”实验室啮齿类动物变成了自行车狂热分子。美国的时间生物学家把实验室里空闲的车轮放到自己的车库里。有一天晚上他回到家，听见车库里轮子转动的声音。他想，老鼠又到家里来做运动了。多数啮齿类动物都在夜晚

1　大脑的最外层，像一堆厚厚的包装起来的白肠。

活动，白天睡觉，它们每天晚上都在可以预见的时间里跑出来。为了收集它们体内时钟的数据，人们需要把车轮的轮轴和记录仪器用电线连接起来，这样车轮每次转动仪器都会做记录。如果实验动物在轮子上跑，就会带动与轮子相连的墨笔，墨笔就会画出一条宽宽的墨线。如果它们睡着了，仪器就会显示一条细细的墨线。如果纸卷以每小时1厘米的速度运动，那么把24条记录贴在一张纸板上，结果如下图所示：

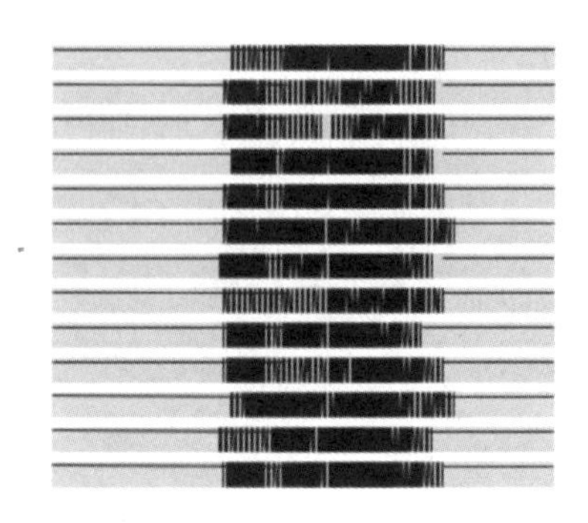

图片展示了持续13天的实验结果[1]。每一条记录都对应实验动物的一天。因为1厘米对应1小时，所以人们可以很容

1 本书中的行为记录并非来自实际的实验结果，但是与实际的实验结果非常相似。

易地看出，哪些时间段里实验动物在轮子上跑。从垂直方向看，较宽的墨线开始的地方都很接近，显示了每天动物开始跑轮子的时间都非常接近。在这个案例中，体内时钟“一天”的周期是24小时。你可以很容易就猜出，实验动物生活在正常的明暗变化的环境中。如果被试生活在地下室里，他的体内时钟“一天”的周期是25小时，那么以相似的方式记录下来的结果应该是这样的：

每天被试开始活动的时间都晚1小时，所以从垂直的方向来看，似乎有一条看不见的从左向右的斜线。这种记录方式的缺点就是，被试一天的活动分布在一张纸条的首尾两部分。所以，研究学者发明了一种“重新拼接法”。首先给原

始记录结果拍一张照片，然后把实验结果从中间剪开，让右边的记录结果上移一天，这样一天的活动记录就会连在一起，调整后的结果如下图所示：

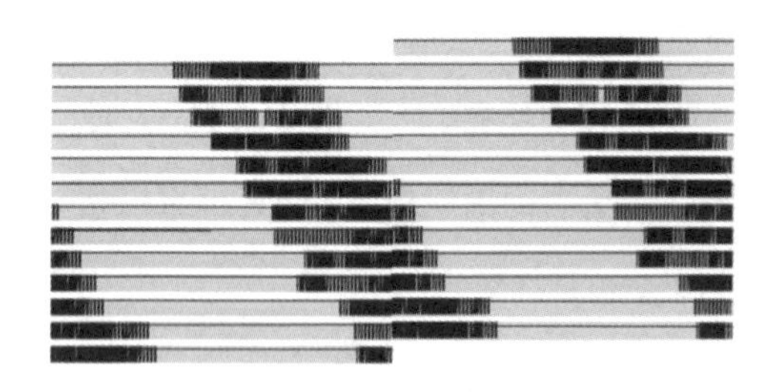

与上面的情况相区别的是，如果某个被试体内时钟的“一天”周期少于24小时，那么他每天起床的时间都早1小时。他的活动记录结果就使每天开始活动的墨线向左倾斜。如果老鼠处在与外界时间隔绝的地方，它们也会是这种情况。下面这张图就是一只实验老鼠的活动节律，实验的前七天它生活在有明暗变化的地方，后来就生活在持续的黑暗中了：

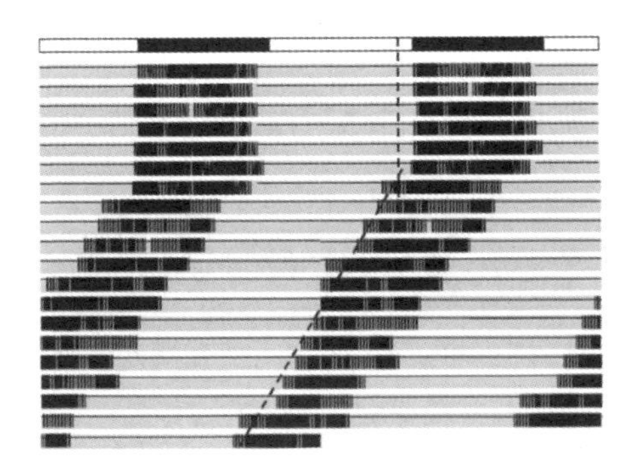

可以看出，第一天在黑暗中的活动墨线向左有了小幅度的“飞跃”。这不是因为体内时钟突然发生变化，而是因为老鼠不喜欢在明亮的时候跑轮子，即使体内时钟“规定”了它们在有光亮的时候应该做什么事情[1]。为了能够弄清楚在没有光线压力的条件下他们的活跃期什么时候开始，人们在分析实验第二阶段数据的时候，也会追溯实验第一阶段活跃期的开始时间。在以上案例中，人们发现老鼠在黑暗来临之前

1　生物节律的形成由于某些外界的影响而变得模糊不清：可能是因为光线，就像上文的例子，或者因为黑暗，就像许多鸟类尽管体内时钟处于活跃期但是在黑暗中依然会停止在树枝之间跳跃。研究人员把这种现象称为“伪装”，因为这种运动节律本来是明暗变化的时钟所规定的活动。

的1小时开始变得活跃。

现在各位读者已经有了罗素·福斯特实验的所有信息和推断结果。针对光线与体内时钟如何保持同步这个问题，他提出了一个直接的疑问：是哪一个接收器将明与暗的信息传达给大脑的时间中心的？某种老鼠没有视杆细胞，因此福斯特把这种老鼠作为实验对象，实验结果如上图所示。实验结果很容易解释：这些老鼠和有完整视网膜的老鼠一样，它们的身体节律可以与明暗变化达到同步。因此证明视杆细胞显然不是白昼时间的接收器。随后福斯特又使用了没有视锥细胞的老鼠作为实验对象，实验结果是，这种老鼠也能够与明暗变化达到同步。这两个实验说明了视杆细胞和视锥细胞都是传达光线信息的，都是生物钟的校正器。没有视杆细胞，就靠视锥细胞；没有视锥细胞，就靠视杆细胞。现在必须解决的问题是，既没有视杆细胞也没有视锥细胞的老鼠是不是不能与明暗变化达成同步?福斯特接下来利用了既没有视杆细胞也没有视锥细胞的老鼠进行了实验。他发现了一个令人吃惊的结果：这些老鼠的身体节律竟然还能与明暗变化保持一致。

人们也许会说，光线信息不仅通过眼睛，还能通过例如皮肤等其他光线感受组织对生物施加影响。在福斯特进行实验的同时，另外一位科学家指出，体内时钟也可以通过腘窝的伸展来调节。多年以来，其他时间生物学者们都曾试图证明一个看起来很明显的事实：光线信息只通过眼睛传递，因为从多次动物实验中得知——对于那些没有眼睛的动物，他们的体内时钟不能与明暗变化达成同步。因此从福斯特实验中得出的唯一推断结果就是，在眼睛里一定还存在其他光线感受器。

这一假说给眼睛研究敲响了警钟：眼科学家们曾认为人们已经了解了所有关于哺乳动物眼睛的知识，这一观点看来并不正确。很多眼科学家根本不想相信一位时间生物学家能够发现眼睛里还存在一种未知的光线感受器。后来福斯特又进行了一次实验，用于实验的老鼠既没有四种已知的感受器——视杆细胞和三种视锥细胞——也没有新发现的感受器。这一次，老鼠们的体内时钟不再与光线的明暗变化保持一致了。

哺乳动物接收光线的感受器与两栖动物改变皮肤颜色的能力相关。棒状体和锥状体都是视网膜的细胞，它们把光线转化为细胞信号，通过色素捕捉光子，这是一个蛋白质参与其中的化学反应。我们熟悉的色素有诸如胡萝卜素或叶绿素等物质。胡萝卜素看起来是红色的，因为这种色素吸收蓝色的光谱，所以它们反射出来的光看起来是红色的；植物看起来是绿色的，因为叶绿素既吸收蓝色的光谱也吸收红色的光谱。视杆细胞和视锥细胞使用同一种蛋白质，即所谓的视蛋白，但视杆细胞的视蛋白与视锥细胞的视蛋白不同，这样它们才能吸收不同的波长，并使我们的大脑辨认出不同的颜色。

为哺乳动物的体内时钟提供光线信息的感光体也是一种视蛋白。由于这种物质是两栖动物黑色素细胞（使皮肤会很快变黑的物质）的一部分，因此这种视蛋白感光器便被称为“黑视蛋白”[1]。与视杆细胞和视锥细胞不同，通过

1 意为“黑色的视蛋白”。

黑视蛋白感受光线不需要特别的细胞记录视觉刺激的地点和时间信息。黑视蛋白分布于整个视网膜的每个神经细胞中，这些神经细胞突起组成视神经。科学家们探究一种生物学现象的时候，当然都想知道，这种现象（或其控制功能）是在哪里发生的。关于体内时钟在哪里产生这个问题，在20世纪70年代得到了广泛的研究，却因形色各异的物种而呈现出不同的结果。植物中没有一个特别的部位形成体内时钟——体内时钟分布在植物的各个部位，如叶片、根茎。动物的体内时钟在大脑里。昆虫的体内时钟在少数高度专业化的神经元里，蜗牛的体内时钟在眼底的神经元里。爬行动物和许多鸟类的体内时钟在脑垂体中的松果体[1]里——这种晶体会分泌褪黑素，为多数脊椎动物发出黑暗信号。鸟类、两栖动物和爬行动物的松果体就在颅盖下面，本身就能感觉到光线。哺乳

1　几乎所有的动物体内结构都是对称的，右边和左边都是一致的，除了像心脏和肝脏等器官。动物的大脑也由对称的两半部分组成，所以左右脑半球都有脑组织，只有松果体是处于两个脑半球的中间。因为这个特点，松果体被认为具有特殊的能力。例如笛卡尔认为松果体是人类灵魂的居所。

动物的松果体虽然不能直接感受光线，但仍然能够分泌褪黑素。无论动物在夜间活动还是在白天活动，松果体都只在夜间分泌褪黑素。褪黑素使我们（也许还有其他白天活动的动物）感到疲惫和轻微的寒冷，但却对夜间活动的动物们施加了相反的影响。褪黑素不仅有安眠药的效果，还影响着体内时钟及节律的同步。你也许会问，我们可以怎样帮助哈瑞特，使她的“黑夜”不会变成“白天”。利用褪黑素肯定是一种方法，可以帮助盲人保持与24小时一天的同步。

人们发现，哺乳动物的体内时钟存在于视神经中枢的一小股神经元上。神经元科学家们称之为“核心”[1]。因为时钟核心就位于中枢神经的上方，因此被称为“视交叉上核”（SCN）。时间中心通常与光线感受器官连接。

视交叉上核虽然小，但仍然属于值得一提的器官。不多于2 000个细胞[2]，却似乎包含了一切体内时钟运行的要素。如果一只老鼠或者仓鼠失去了视交叉上核，那么它每

1 Nucleus，拉丁语，意为“小核”或“中心”。

2 人类大脑包含大约1亿个细胞，大约是视交叉上核的5百万倍。

天的行动日程就没有跑轮子这一项了。如果人们把另一只动物的视交叉上核替换到它的大脑里，那么24小时的节律就会再次开始[1]。视交叉上核不仅存在于仓鼠、老鼠的体内，也存在于人类体内时钟的中心。如果某个病人大脑中的这一区域出现损伤，那么他就很难保持睡眠/清醒——活跃/安静的节律了。

在这一章节中，我们迈进了一大步。从一位盲人女士的睡眠问题开始，我们发现了一种新的光线感受器，这种感受器虽然不对视力产生影响，但是却能感受到白天和黑夜。接着了解了体内时钟的中心位于哪个位置。哈瑞特在案例结尾提出的那个问题一直反复出现：为什么许多盲人的体内时钟一直与外界明暗变化保持一致？他们和哈瑞特的区别在哪里？这个问题还未得到完全的解释，但是我们知道，盲人的体内时钟一直是自主运行的。即使眼睛里既没有视杆细胞也没有视锥细胞，但如果能通过完好无损的黑视蛋白系统不自

1　移植视交叉上核之后，移植器官的动物的节律可能会影响被移植动物的节律（参看“精力充沛的仓鼠”这一章）。

觉地感受光线，那么体内时钟也能与外界保持一致。“不自觉地感受光线”听起来有点匪夷所思，但世界上这种现象的确是存在的。罗素·福斯特研究了不能有意识地感受光线的盲人，他们的体内时钟却能一直保持与外界的高度同步。他在实验中同时给盲人一个简短的声响和一次光照；也可能，他只给声音信号或者只给光信号。他鼓励被试在没有时间感受的条件下猜测灯光是否亮着。结果显示，被试除了偶然情况之外，总能“猜到”正确的时间。尽管他们没有意识到，但是他们的大脑肯定能够感受到光线。

如果某人没有视杆细胞和视锥细胞，也没有黑视蛋白，那么多数情况下，他们的体内时钟是自主运行的，只有少数情况下才似乎与外界同步。少数同步的原因可能在于，这个人的体内时钟周期本来就接近于24小时，因此原本对体内时钟的调整几乎不起作用。虽然案例中的哈瑞特还有眼球，但是她没有光线接收器。由于她的体内时钟比地球自转慢了1小时，因此她的体内时间系统一直未能与外界同步——因此哈瑞特总是不得不做“上夜班”的人。

第7章　精力充沛的仓鼠

案例

查理斯河实验室又送来了一批仓鼠。克里斯托弗把新来的小动物们都编上号。在所有数据被输入完毕之后，他把每一只仓鼠都单独放在一个有轮子的笼子里。每次有新的仓鼠送来，第一项工作就是记录它们的活动节律，看看它们是不是“好”的运动员。几周之后他翻看一大摞记录，把“好的”和“坏的”仓鼠分别登记。就如克里斯托弗已经看到过的几百次一样，一个典型的仓鼠在黑暗中的活动记录，展示了以24小时为周期的自主运行的节律。

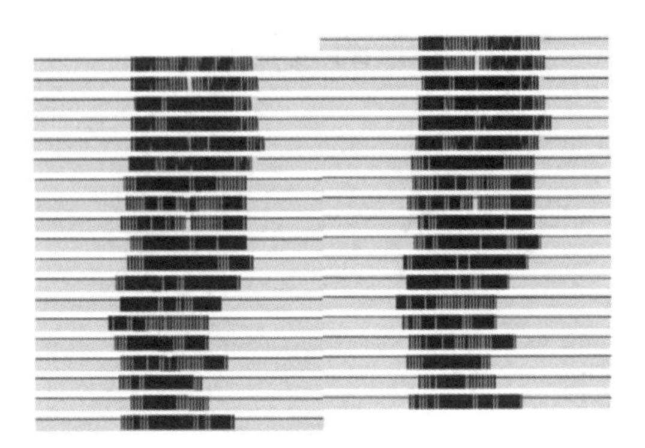

他已经把一摞重拼接记录翻看了一大半，突然他几乎停止了呼吸。31M18号仓鼠，这只公仓鼠的活动节律与其他仓鼠完全不同：

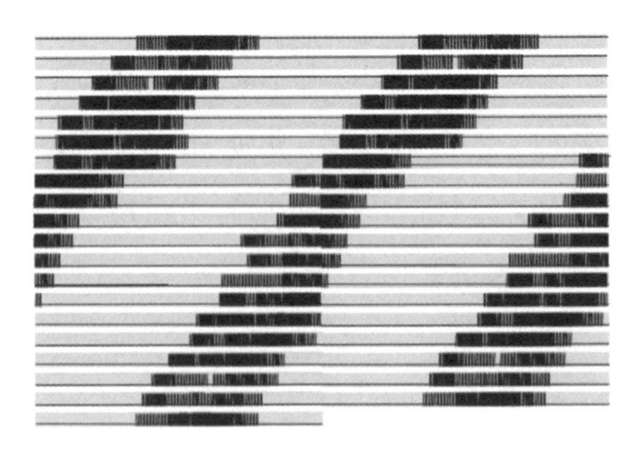

这只仓鼠体内时钟的周期只有22小时！克里斯托弗马上走进存放仓鼠的房间，打开有四只仓鼠的笼子，找到了31M18号仓鼠。他怀疑这只动物是不是病了，甚至已经做好了发现一只死仓鼠的心理准备。31M18号仓鼠似乎睡着了。他把这只仓鼠从笼子里拿出来，轻轻抚摸它的皮毛。这只仓鼠睡得很熟，但是看起来没有生病。他把仓鼠放回笼子里，把笼子的阀门关上。克里斯托弗又检查了记录这只不寻常的仓鼠活动节律的361频道计时器。他做了一次测试，但计时器似乎也没有问题。

克里斯托弗回到办公室，观察361频道的电脑屏幕。他之前看的拼接记录是几天前的，因此他马上看了最近几天的记录，确定了这只仓鼠的活动规律一直没有变化。这只小动物肯定累极了，所以它跑了几小时就停下来了。当他把这只仓鼠从笼子里拿出来的时候，它一定是刚刚进入熟睡之中。接下来的几天里，克里斯托弗根本无法专注于实验室里的正常工作，因为他总是在想新来的那只活动周期很短的仓鼠。工作组在一天下午聚在一起开会，等其他同事汇报完各自的工作进展之后，他把31M18号仓鼠的情况向大家做了说明。果然，所有人都很兴奋。当天下午的会议延长了很久，会议中做出了很多重要的决定。这只新来的仓鼠表现出了不寻常的行为，非常值得研究（大家决定，模拟一个白天有14小时光照，夜晚有10小时黑暗的夏天）。三周之后将这只仓鼠转移到饲养实验室，与三只母仓鼠在一起。三只母仓鼠的活动规律是正常的24小时周期。

结果是，31M18号仓鼠完全与明暗变化保持一致。但是存在一个令人吃惊的区别：这只新来的仓鼠比“正常”的仓鼠早4小时进入白天。几周之后（幸好仓鼠的怀孕期只有17天）就可以观察下一代仓鼠的生物钟在黑暗中如何运行，以及它们保持与外界同步的能力有多强了。结果是，一半后代继承了父亲的生物钟，另一半继承了母亲的生物钟。继承父亲生物钟的后代们，却鲜有能够保持自身节律同步的。最初几天，它们在光线消失之后马上开始跑轮子，后来某一天突然提前了几小时，似乎它们的身体忽视了明暗变化，产生了一个自主运行的节律。等到它们的活动再次与正常周期重合的时候，它们会保持几天与明暗变化的同步，然后又再次偏离正常周期。少数几只“精力充沛”的后代就像它们的父亲一样，每天开始活动的时间比“正常”仓鼠早4小时。研究小组让这几只小仓鼠继续繁殖，它们后代的体内时钟比它们的祖先更加快。

理论

生物学家们有多想知道他们所研究的现象在解剖学方面有怎样的意义，就有多想发现那些基因在此现象中所起到的作用。体内时钟的特性必然很复杂（复杂性状），因此时间生物学界的先锋科林·皮腾德莱起初对能够找到决定体内时钟的基因表示怀疑。西莫尔·本泽[1]是第一位敢于探究基因复杂性状的科学家之一。当他从已经非常成功的事业，转向与他的学生罗恩·孔诺普卡一起进行“时钟基因”研究的时

1　他运用了一种果蝇（Drosophila melanogaster希腊语意为“黑腹女朋友”）作为基因研究对象。

候，他面对了很大的质疑。他们发现，在某个基因的突变[1]中——他们将其称为基因周期——果蝇的活动节律发生了明显的改变。某些突变使果蝇的活动节律在与外界时间隔绝的

1　分子遗传学快速入门：染色体非常长，DNA分子的双链环绕形成螺旋、超级螺旋和超负荷螺旋，使长长的DNA分子得以累加，人们可以在显微镜下看到染色体。DNA由四种不同的部分（核苷酸）组成，字母缩写为ACGT。这几种核苷酸以所有可能的方式组成没有结尾的链条。每一种基因都对应一种特定的核苷酸片段，是制造一种蛋白的蓝图（蛋白质是保持细胞生命力的工具）。蛋白质也由分子对组成，在这种情况下由氨基酸组成。DNA链条由四种不同的“珍珠”组成，多数组织器官需要20种不同的氨基酸，也是以所有可能组成蛋白的方式及其化学反应（溶酶体）。其他则是接收器，另外还有细胞的成分，这些都是组成和分解基因的要素。他们的作用还有在细胞内运输分子，穿越细胞膜，等等。DNA和蛋白质都不是“导线”。他们联结在一起，是为了得到蛋白质“工具”的正确形式。DNA可以作为蓝图，因为他们通过三种核苷酸给每一个氨基酸编码——一种“三联体”或者“密码子”，例如ATT、CTG、GGC，给氨基酸编码是多余的：如果所有的组合可能性都用于四个字母及其排列顺序的决定，那么DNA信息则包括64种氨基酸，而多数组织器官只有20种氨基酸。许多氨基酸密码成不同的三联体，三联体是分子结构的开始和结束的信号，书写DNA的序列。一旦核苷酸由于某些原因发生改变，就会产生“突变”。很多突变并没有实际意义。它们不会影响DNA也不会改变基因编码，也不会改变三联体，也不会改变蛋白质。某些突变却对蛋白质的功能有直接的影响。有些突变甚至可以引起致命的后果。

条件下没有明显变化，而有些突变则使果蝇的活动节律变得没有规律可循。发现果蝇的时钟基因之后不久，人们又在另外一种有机体内发现了相似的基因特性，那是一种面包霉菌[1]。20年后，克里斯托弗关于“精力充沛”的仓鼠也有时钟基因这一发现才得以确认。研究小组对这一发现表现得如此激动也是可以理解的。仓鼠的时钟通常非常准确，在黑暗中也保持大约24小时的周期（只有少数仓鼠的体内时钟周期短于23.5小时），这只仓鼠不寻常的活动节律证明了一种时钟基因的突变。这只仓鼠被称为“tau”[2]仓鼠。如果一种基因参与

1　在面包霉菌中发现的时钟基因被称为“频率”。这种霉菌，即真菌粗糙链孢霉，与果蝇一样，是遗传学研究的传统标准试验对象。

2　“tau”是希腊语字母“T”。英语单词“时间”写作“Time”。科学家们通常把正常的体内时钟周期称为“T”（按英语发音），把与外界时间隔绝条件下的体内时钟周期称为“τ”（读作“tau”）。

了生物功能，那么人们就会运用传统基因学[1]的方法，来获取关于此种基因的更多信息。传统基因学的一种研究方法是繁殖饲养，在本章的案例中，科学家们采用的亦为这种方法。

这个实验证明，行为节律的快慢是由基因决定的。从后代遗传快速活动节律的比例来看，31M18号仓鼠只有一个显

1 传统基因学快速入门：基因密码位于细胞核的染色体里。人类有46种染色体，其中23种来自母亲，23种来自父亲。每一种染色体都包含几千个基因。因为每一个后代都有来自父亲和母亲的染色体组成染色体对，因此每一种染色体都有两个。如果从父亲那里继承来的基因发生某种突变，那么从母亲那里继承来的染色体可能会“拯救”这种突变带来的后果。在一些案例中，这种“拯救”使发生基因突变的动物没有呈现出与其他动物的区别。这种突变基因被称为非显性或者“隐性”基因，未发生突变的基因被称为“显性”基因。在其他情况下，未突变的基因可能未能成功“拯救”突变基因，这种情况下，就无法辨认发生突变的基因是一个还是两个了。不管出于何种情况，有机体都需要完整的（来自父母双方的）一对基因，才能使身体机能正常运行。人们可以通过观察身体机能的完成情况来判断发生突变的是一个基因还是一对基因。只有一个基因发生突变的有机体，其特定的行为能力要比一对基因发生突变的有机体弱。这种突变被称为“半显性”。如果一个受精卵拥有完全一样的基因，则被称为“纯合子”，如果存在与其他类型基因的混合，则被称为“杂合子”。

性的染色体，其他基因是“正常”的。如果后代继承了一个正常的染色体（N）和一个变异的染色体（M），并且与31M18号仓鼠交配的母仓鼠有一对正常的染色体，那么两只仓鼠的后代的染色体配对是可以推测出来的。后代从父亲那里继承来的染色体不是M就是N，从母亲那里继承来的只有N。那么后代的染色体配对可能是MN或者NN，且两种情况的概率是一样的。第一代子女有50%的活动节律像母亲，另外50%的活动节律像父亲，实际实验结果也是如此。

到了第二代，染色体重新洗牌。这一次，可能会是两个携带MN基因的仓鼠交配。在一段时间后，研究者让两只活动节律只有20小时的仓鼠进行交配，结果仍然是可以推测的。M和N具有同样的遗传机会。在下一代中，25%的后代携带NN（来自祖母的正常时钟基因），50%携带NM或MN基因（他们具有与祖父一样的较快的活动节律）。剩下25%的后代却携带了MM基因。一个变异的基因可以将活动周期缩短2小时，这25%的后代携带了两个变异基因，因此他们的活动周期更短。这些推测都在实验中得到了证实：

携带了纯合子基因的仓鼠所经历的一天只有20小时。

马丁·拉尔夫使案例中的克里斯托弗所发现的第一个哺乳动物时钟基因，在12年后得到了证实。31M18号仓鼠的体内时钟是由一种基因的变异造成的，这种基因对体内时钟具有决定性的作用。对变异基因的实验还证明了视交叉上核对哺乳动物体内时钟的重要性。在《当黑夜变成白天》这一章节提到的移植实验显示，视交叉上核能够使紊乱的体内时钟变得有规律。马丁·拉尔夫对变异和非变异的仓鼠进行了类似的移植实验。后者显示，尽管非变异仓鼠的基因所决定的活动节律是正常的，但在接受了变异仓鼠的视交叉上核之后，非变异的仓鼠却有了更快的活动节律。反之亦然——变异的仓鼠被移植了来自正常仓鼠的视交叉上核之后，便有了正常的24小时活动节律。

在这一章节案例中的实验支持了这样的论点：哺乳动物的视交叉上核是所谓的“时钟决定者”（正如以前多次实验证明的那样）。另外，实验也证明了，在分子时钟的背后存在一定的基因，通过基因变异可以改变体内时钟的特性[1]。这些实验都显示，生物个体在与外界时间隔绝的环境下，其体内时钟的周期与其处于明暗变化条件下“植入”的时间密切相关。周期越短，有机体开始新的一天的时间越早[2]。

1　可以使体内时钟变快或者变慢。

2　为了判断有机体的时间类型，必须把有机体的活动与明暗变化的参数做比较，例如实验室的光线或者自然界太阳升起的时间，等等。

第8章　健身中心的黎明

案例

清晨5点，美国犹他州一家人走进了一周七天24小时营业的健身中心。外面的天刚蒙蒙亮，下着蒙蒙细雨。一家人兴高采烈地聚在一起是难得的景象：萨拉奶奶和女儿阿里西亚、儿子弗莱德瑞克，阿里西亚的儿子菲利普和女儿瑞贝卡，瑞贝卡的孩子尤利娅和安娜，还有弗莱德瑞克的孩子彼得和杰西卡。几乎一大家子都齐了，只有萨拉的姐妹伊莎贝尔和朱蒂特没有来。她们两个虽然和其他家庭成员们一同起了床，却留在了家里，因为她们要给家人准备早餐——准备早餐通常需要很长时间，这时候阿里西亚的丈夫、瑞贝卡的丈夫和朱蒂特的丈夫以及弗莱德瑞克的妻子还在睡觉。为了不吵醒“上晚班”的家人，“上早班”的几个人踮着脚尖离开了房子。

萨拉高兴极了。每逢暑假，家人都会聚在一起，她很享受儿孙绕膝的感觉。萨拉19岁就生下了大女儿阿里西亚，21岁生下儿子弗莱德瑞克。她的家族一直有早婚的传统。当阿里西亚让她成为外婆的时候，她才39岁。58岁的时候，她的大孙女做了妈妈。现在，75岁的她虽然不能与家人一起做运动了，但是她仍希望在家人运动的时候陪在他们身边。她喜欢坐在一条长椅上，看着孩子们在健身中心里进行各种锻炼。阿里西亚和弗莱德瑞克在跑步，阿里西亚虽然已经56岁了，但是她没有像弟弟那样开始喘粗气。弗莱德瑞克需要锻炼，因为他的小肚子已有了凸起的趋势。孙女瑞贝卡在练习划桨，但是实际上她的注意力一直落在自己的女儿身上，在另一边的小女儿与其说是在练习打沙袋不如说是在嗤嗤地笑。瑞贝卡一直过得很随性，不像她的兄弟菲利普那般严格要求自己。“如果他不是那么过分地严格，他现在就能结婚了。”33岁还单身的人，在这个家族里就属于非常不寻常的了——他的外甥都已经有了固定的伴侣，萨拉则已经开始期待第二个重孙的出生。

7点钟，她们又回到厨房一起吃两位姨祖母做好的早餐。尤利娅和安娜总爱开玩笑，她们可能又在拿菲利普叔叔寻开心了——这显然是她们最喜欢做的事情。“小点声，你们两个，爸爸和其他人还在睡觉呢。”瑞贝卡想让姑娘们安静下来却没有成功。阿里西亚的丈夫泰瑞是“上晚班”的人里面第一个起床的，将近8点他下楼的时候，阿里西亚的盘子已经空了，岳母给他递上了一杯咖啡。早起的人们吃完早饭后仍然聚在大餐桌旁，欢快地讨论这一天接下来的时间如何度过。

到了晚上，情况就反过来了：晚起的几个家庭成员看起来精神多了。18点晚饭之后，家族里最老的和最小的成员在客厅里玩拼词游戏，“大人们”有的在看书，有的在阳台上聊天。萨拉和她的姐妹们是第一批回去睡觉的——在将近21点的时候。如果不是一大家子聚到一起，她们可能还会提早1小时睡觉。但是不管她们几点钟睡觉，都会在清晨4点醒来，并且再也睡不着了。从萨拉的祖父母那一辈开始，她们这个家族的人们总是习惯早起。在上床睡觉之前，她们吃了降压药，本来在她们玩拼词游戏的时候就该吃的。“请在睡觉前一小时服药。”医生这样对她们说。她们不知道这个医嘱是指通常意义上的睡觉时间还是她们自己的睡觉时间。

没过多长时间，“上早班”的家庭成员一个接着一个地道过晚安回房睡觉了。姨祖母朱蒂特和他的儿子（他的兄弟已经去世了）、孙女是“上早班”里面最后睡觉的。留下来的是“上晚班”的几个人，他们一边笑着说竟然和这样的一家人结了婚，一边又多享受了几小时的玩乐时间。最后去睡觉的是朱蒂特的丈夫詹姆斯和弗莱德瑞克的妻子迈德瑞德，他们两个整晚都在聊这个“上早班”的家族。詹姆斯觉得他妻子这边的家族在早起的问题上还不像萨拉家族这么夸张。迈德瑞德上床睡觉之前，还喝了一杯甘菊茶。在厨房烧水的时候，她用疲惫的眼睛瞥了一眼厨房墙上贴的一张遗传示意图，是萨拉最近刚画的。迈德瑞德看着这么多圆圈和正方形，笑着想，詹姆斯也许是对的。

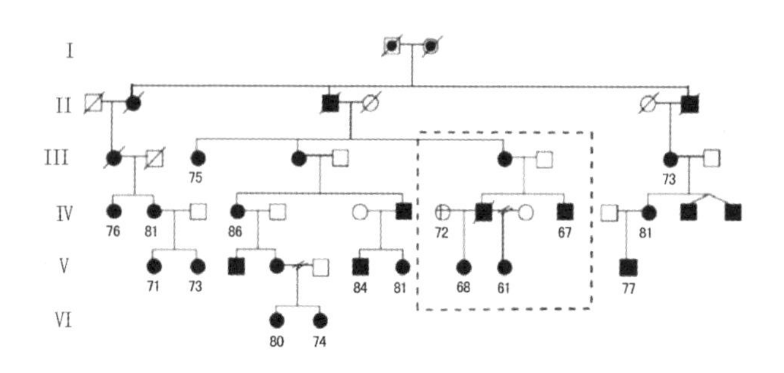

根据托等人2001年发表于《科学》总第291期的内容绘制

理论

各位肯定想到了犹他州“上早班”的人们与上一章的31M18号仓鼠及其后代非常相似。“精力充沛”的仓鼠在下午便开始了跑轮子的活动，它的同伴却要在4小时之后（太阳已落山）才开始。萨拉家族“上早班”的人在太阳升起之前就变得活跃起来，比其他人都起得早（健身中心与轮子是相似的）。比同伴早起或者晚起并不取决于夜晚活跃还是白天活跃。萨拉家族的早起症候群被称为“睡眠提前综合征”（ASPS）。就像精力充沛的仓鼠携带变异基因一样，犹他州早起的这一家人也携带一种变异基因。虽然造成仓鼠和人类早起的基因分属不同的类别，但是两种基因之间仍有着紧密的联系。

在tau仓鼠这一案例中，相关基因属于一个发酵酶，这个发酵酶能够改变决定时钟的蛋白质[1]。变异使发酵酶不能很好地完成任务，进而改变了蛋白质。而萨拉家族的变异基因则来源于一个重要的时钟蛋白质，这种蛋白质不能被改变[2]。两种变异发生在不同的基因中，但却具有同样的效果。

在前言里我提醒过各位读者，在这本书中我会写到与体内时钟相关的生物学基础知识，但我也会去除那些对理解体内时钟现象没有帮助的信息。我不得不承认，上一段写的全是生物学知识，其专业性可能会出乎一些读者的意料，但是这些细节知识对于理解体内时间系统的生物学基础是非常有帮助的。我感觉很多学者认为体内时钟不是非常重要。许多年前我在慕尼黑医学院做访问的时候，与几位做教授的同事

---

1 这一步骤涉及一种酪蛋白激酶。

2 变异涉及一种氨基酸，由酪蛋白激酶发生磷酸化反应。

们交流过——他们中的许多人都是诊所的所长。所有人表面上都很友好，但是有几个人并不同意我对体内时钟的观点。有个人说："亲爱的同事，这一切都很吸引人。但是体内时钟只对极其敏感的人才具有重要性。"我写了很多与体内时钟相关的生物学原理，就是为了表明在体内时间系统领域中生物学的重要性。

关于仓鼠的那一章节我介绍了一种特殊的决定体内时钟的基因。在进化的过程中，体内时钟在不同的物种（例如仓鼠和人类）那里都具有相同的意义。几位对发现时钟基因做出贡献的分子遗传学家曾声称，体内时间是由时钟基因与时钟蛋白质共同决定的，在此原理基础上他们已经把体内时钟"破解"了。当时的媒体也这样认为[1]——体内时钟在细胞层面上的运行是完善且简单的[2]。迈克尔·罗斯巴什在一次会议

1 1998年3月，萨尔茨堡新闻报的科学版用了这样的标题：体内时钟被克隆。

2 1991年在伊尔湖（德国）的戈登会议上这个思想首次被提出。迈克尔·罗斯巴什介绍了其学生保罗·哈丁关于果蝇生理节律的分子机制的研究工作。

上介绍了他的学生保罗·哈丁的果蝇研究的成果。他用一个笑话作为开场白：

“一个世界闻名的物理学家在一个国家旅行，在许多地方做报告。他的司机在这期间忍受了很多次相同内容的报告。有一天晚上，在从一个城市到另一个城市的路上，他的司机说：‘先生，如果我说我都能把你的报告背下来，我能想象得到，你有多失望。’‘也就是说，你可以替我做报告了？’教授问道。司机回答：‘我认为可以，先生。’‘我们为什么不换一下角色呢？明天我们要去的是个小城市，没人认识我。’”

“第二天晚上，司机穿上教授的西装坐在礼堂台子上，教授穿着司机的制服坐在礼堂最后一排。假冒的教授扮演得很逼真，他真的能够把演讲中的每个单词都背出来，并在恰当的地方说个笑话。演讲之后有提问环节，他也回答了所有的问题，就像他真的进行了著名的实验似的。但是最后，有一位教授提出了一个以前从未提出的问题，司机根本不知道答案。司机停顿了一秒钟，然后微笑着说：‘这个问题很简单，我的司机也会回答。’他窃笑着指向坐在最后一排穿着司机制服的人。”

笑话讲到这，迈克尔·罗斯巴什指向坐在最后一排的保罗·哈丁，然后开始解释哈丁提出的分子昼夜节律怎样产生的假说。在阐述分子知识之前，我依然想用一个比喻来解释这个假说。后者的基础是一种负反馈理论：请想象一条制造美味巧克力的流水线，1号工人认为自己是整条流水线上最重要的人，他的职责是把一个秘制配方从保险箱里拿出来复印一份通过一个小窗口交给另一位工人。2号工人负责制作巧克力的模型，然后尽责地把配方处理掉，防止配方泄露。巧克力模型转给3号工人，他负责加配料。巧克力制作完毕之后，1号工人负责检查。看到巧克力制成品之后，1号工人停止了整条流水线的工作，骄傲地观察着巧克力。另外一位工人（4号工人）不断地走来走去，收集所有制成的巧克力，将其运到销售部。如果4号工人不把巧克力运走，生产就不能开始。因为只有把1号工人面前的所有巧克力收走之后，这位沉浸在骄傲喜悦之中的工人才会清醒过来继续复印配方。因此巧克力的制作数量在无尽的节律中摆动。

描述完比喻，我们再转到科学理论的解释上来——细胞怎样借助基因和蛋白质产生昼夜节律[1]。位于细胞核内的时钟基因DNA序列被信使RNA复制，并从细胞核内出来，转化成时钟蛋白，然后再进行变化[2]。这种时钟蛋白质本身就是细胞改写“自身”基因的机制。如果时钟蛋白质达到一定数量，它们就会回到细胞核里，阻碍信使RNA的继续生成。一旦这种阻碍作用达到一定强度，就不会再有信使RNA生成，已经

1　为了理解这个假说，需要了解现代生物的普遍共识：正如读者们从上一条快速入门中了解的那样，制造细胞的工具蛋白质在细胞核内。虽然关于蛋白质氨基酸序列的DNA编码信息从来没有离开细胞核，但是蛋白质是在细胞核之外形成的。制造细胞的机制来源于DNA序列的副本——这个过程被称为“转录”，所产生的副本被称为信使RNA，也是一个较长的分子，与DNA非常像。这个“信使”从细胞核里出来，转化为氨基酸序列。参与这个过程的不仅有帮助DNA序列制造信使RNA的工具，还有许多蛋白质（转录要素），它们根据转录的需要开启或关闭复制的进程。

2　由蛋白质组成的氨基酸链与碳酸盐分子耦合。这个过程被称为磷酰取代。

生成的RNA也会逐渐减少[1]。这样就不会继续生成时钟蛋白质，而已经生成的蛋白质则逐渐分解。所有的时钟蛋白质都消失之后，改写不再受到阻碍，便又能开始新的周期。

这个负反馈假说的产生，是在人们只在果蝇体内发现了一个时钟基因的前提下产生的。人们想象，一个基因及其蛋白质通过一个简单的负反馈决定了果蝇“一天”的长短。但是研究者们在发表论文的时候也提出了发现新因素的可能性。在提出负反馈假说之后不久，人们在果蝇体内又发现了体内时钟的另一个重要基因，这时，细胞昼夜节律机制又变得复杂起来。虽然负反馈仍然是一个试图解释细胞节律产生的重要基础，但是现在人们大多从多个出发点研究反馈网络。这些内容不需要读者们全部理解，这一章节读者们需要记住的是：昼夜节律是通过细胞内部的变化产生的，可能在每个细胞里都会发生这种变化，就像视交叉上核的一个神经

---

1 为了能够控制生化反应，需要构建一个强有力的体系。多数参与控制细胞的分子，其周期都较短，一旦任务完成，很快就会迅速分解。这是为了给将来的控制任务腾出空间（这也适用于信使RNA和蛋白质）。

元或者大脑中的“大本钟”。

因为许多基因都参与了体内时钟的形成，因此基因变异也可能会让体内时钟变得混乱。除了影响仓鼠和萨拉一家人生物钟的基因之外，还有许多因素可能使某个人的生物钟与其他人不一样。迈德瑞德所观察的那一幅贴在厨房墙上的图，是科学家研究“早起的人”现象时画的遗传示意图。圆圈代表女人，正方形代表男人。实心图形代表早起类型的人，空心代表“正常人”。虚线方形圈出来的是朱蒂特和詹姆斯（案例故事中16个主人公之中的2个）的后代。姨母朱蒂特和她的后代虽属于“云雀”，但是她们起床的时间不如伊莎贝拉、萨拉还有她们的后代那么早。虽然基因学家们发现，朱蒂特的后代中有几个人也是早起的人，但是他们没有变异的基因。基因学家在萨拉身上找到的基因并没有遗传给全部的后代，对此前者也无法给出确定的解释。

“云雀”和“猫头鹰”的作息绝对有基因方面的原因，但基因是非常复杂的——想一想决定体内时钟的基因有多少个就明白了。除了时钟基因及其产生的时钟蛋白质，影响人类早起或晚起的因素还有许多——即使是那些体内时钟与外界环境不同步的人也不例外（例如经历着黑夜变成白天的哈瑞特）。

昼夜节律系统不仅是在大脑内敲钟的神经元中心，它也是感受知觉的“过程”，是钟表的发条和指针。人们通过眼睛感受光明和黑暗，将信息传递给视交叉上核的时钟神经元，再将昼夜信息传递至身体各个部位。这一过程中的每一站——信息接收器、细胞、大脑其他区域（例如睡眠中枢）或者包括肝脏在内的器官等——都决定了我们的时间类型。

第9章　潜伏的分子

案例

奥利弗简直要崩溃了，因为几个星期以来他的实验毫无成效。他的这个研究项目是关于肝脏新陈代谢的生物化学反应与分子控制的，事实上，他之所以开始做这个实验，是因为一个加拿大的博士后离开了实验室，于是他替补上来。实验的对象是一种在特定条件下可以在肝脏细胞内启动的特殊基因。虽然奥利弗一直严格遵循前任的实验路线，但始终未能成功找到这种基因被激活之后的产物。无论是本科还是研究生阶段，奥利弗的成绩一直都很好，硕士论文中的实验尤其成功。而现在，他连续几个星期都在寻找失败的原因，却一直没有结果。为什么他的前任能证明这种基因的产物，而他却一直没能成功呢？

已经快到中午了。奥利弗6点就到实验室，一直不间断地工作到现在。作为农民的儿子，他习惯早起，并且很喜欢在其他人到来之前享受独自在大实验室里工作的感觉。现在实验室里已挤满了正在工作的同事们。虽然很疲惫，但是奥利弗依然决定再萃取一次肝脏组织。几小时以来，他反复将肝脏组织放在研钵里碾成粉末、萃取、检测光学密度、吸移、延展、涂凝胶，这些工作都是为了在电泳仪里把肝脏组织的各种成分分离出来。结果和上一次一样，他没找到期待中的基因产物。

渐渐地，实验室里几乎又只剩下他一个人了。他检查了一次实验动物数据，再一次确认前任使用的老鼠与他使用的老鼠没有区别。渐渐地，他开始嫉妒前任了，那个家伙将实验做成功了，几乎成为实验室的传奇，而且他是为数不多的博士论文得到“summa cum laude”[1]的人。奥利弗继续进行的

1 这是论文能得到的不多见、最好的分数。

实验，原本只是那个加拿大人（前任）离开实验室之前还未完全结束的业余项目。加拿大人的生活习惯与奥利弗完全相反：他很少在中午之前来实验室，却几乎整个午夜都在实验室里工作——直到奥利弗来上班的时候才去休息。

奥利弗离开实验室，买了一份快餐和一大杯黑咖啡。他决定最后再碰碰运气。他重新开始，使用新的老鼠，把实验从头又做了一遍。一想到自己如果再次失败，就不得不向教授汇报结果，他的胃就开始疼了。一直以来他的实验结果都与实验室明星的实验结果相悖——这不是因为他自己只是一个小小的在读博士而前任已经是博士后。无论是他自己还是前任都不太可能出大错。另外，奥利弗确信自己的实验程序没有任何一丁点儿错误。因此只有一种可能：是加拿大人弄错了！当同事们姗姗来迟的时候，他已经开始为他的怀疑奋斗了。同事们对于奥利弗比他们早到实验室已经习惯了，而且今天他们感觉奥利弗似乎要熬夜了，因为快到晚上了他还丝毫没有停止的趋势。现在，奥利弗终于涂完了凝胶，打开电泳仪。因为这个过程需要持续几小时，因此奥利弗回到家，准备睡一会儿。睡觉之前，他拉上了窗帘来遮挡太阳光。

将近午夜的时候，奥利弗起床洗了个澡，穿好衣服，开始做饭。然后，他跳上自行车，迫不及待地向实验室的方向奔去。在路上，因为一直想着实验的事情，他差点被一辆车撞上。终于到达实验室了，他把背包扔到桌子上，目光马上转向凝胶。让他感到无比惊讶又无比轻松的是凝胶上出现了期待已久的基因产物。奥利弗走到实验室外面，独自散步很久，他一直在想为什么他要找的分子一直到现在才出现。这一次是怎么回事？怎么解释这种现象？突然他站住了，转过身跑回实验室。灵光一现的想法驱使他再做一次实验。他很庆幸昨天睡了一会儿，因为接下来他要做的实验和实验结果分析还会持续至少一天。一天半之后，他坐在书桌前，在记录本上做最后的记录。最后，他把一张蛋白质印迹图像[1]贴在笔记本的最后一页，然后笑着观察了这张照片很久。现在他可以带着愉快的心情去见教授了。

---

1 西方点墨法用于证明蛋白质的存在。

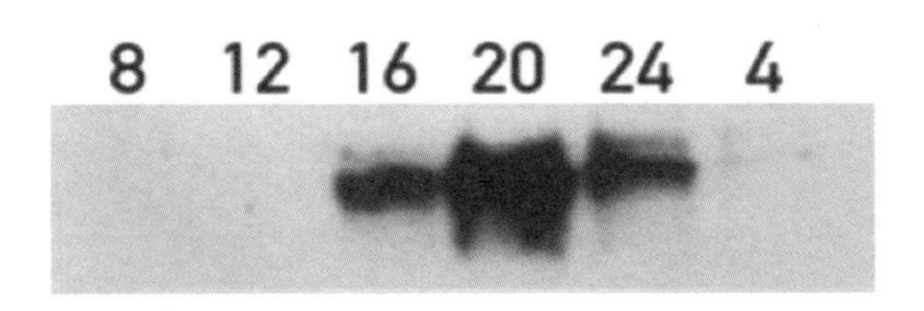

瓦林与施布勒于1990年发表于《细胞》杂志总第63期

理论

视交叉上核（SCN）[1]是哺乳动物的时间中心，这一发现对我们理解体内时钟起了很关键的作用。这一组神经元具有所有控制身体日常活动的要素。视交叉上核通过视神经从眼睛那里得到光线信息，并使身体与昼夜节律同步。如果SCN被损坏，动物的日常活动节律就没有规律了。

到现在为止，读者们已经知道我们的身体节律在一天之中是怎样改变的了：我们什么时候睡觉什么时候变得活跃，为什么我们的体温在下半夜达到最低点，在傍晚达到最高

1　参看《当黑夜变成白天》这一章。

点[1]。与好奇的天文学家一起，我们看到了植物叶子每天的运动。在进化过程中，体内时钟当然不仅仅控制有机体在一天里的微小变化。从日常生活中我们知道，我们的各种生理反应、行为习惯都有自己的时间：我们到了一定的时间就会感到饥饿；我们的饮食习惯在早餐、午餐和晚餐时都不一样[2]；我们在一定的时间里会想去跑步；我们也会在一定的时间里更加专注于猜谜或者学外语。中午我们对酒精的反应和晚上就不同。研究表明，我们在一天中的不同时间段，对牙痛的感知也不同。多数交通事故都发生在夜里将近4点的时候[3]。我们中的许多人在接近中午的时候都会感到疲惫，想打个盹。如果我们住在地中海地区，那么我们的午休时间就会变长[4]。许多药应该在特定的时间吃（请回忆萨拉对她的降压药的想法）。读者们肯定也了解体检时类似“请你于8点钟前空

1 如果我们发烧了躺在床上，体温也是在傍晚达到最高点。

2 这种不同也有文化因素。

3 这个统计数据考虑到了不同时间段的交通车流量。

4 在《等待黑夜降临》这一章你会对午休的理论有更多的了解。

腹来抽血”的要求。许多血常规检测在一天之中不同时候的检测结果都不一样。例如肾上腺皮质激素，它的血液浓度在早晨达到最高值，接下来开始降低（有一定的波动），在前半夜达到最低点，随后又开始上升。虽然肾上腺皮质激素的浓度取决于很多因素，但是它的节律是受到体内时钟控制的。如果我们在8点钟测量肾上腺皮质激素浓度，在不同的时间类型的人那里测量到的数值是不一样的。研究病人何时吃药（时间药学）是时钟研究的重要分支。这个分支的目标是找出一种药物在什么时间段发挥的药效最小，以便降低药物的副作用。此时时间类型的作用便尤其重要。

本章的故事也是一则生物钟影响身体数据测试的案例。奥利弗之前没能再现前任研究员的实验结果就是因为他的生活习惯。这位博士生在其他同事来到实验室之前早早就开始提取老鼠的肝脏组织，而加拿大的博士后到实验室的时间比较晚且一直工作到深夜，两人研究的是在老鼠睡眠将要结束的时候使老鼠变得活跃起来的基因。夜晚活跃的动物，它们醒来的时间是我们的傍晚。奥利弗在散步的时候脑子里突然冒出来一个想法：在24小时内，每4小时提取一次老鼠的肝脏组织并研究提取出来的蛋白质。实验结果证实了他的猜测，16点时他第一次提取出这种蛋白质，20点蛋白质含量升高，接近午夜的时候蛋白质浓度降低，4点钟时这种蛋白质就消失了。这就解释了为什么他一直找不到这种蛋白质，而加拿大人每次都能找到。

这个发现不仅影响深远、值得回顾，同时亦颇令人感到惊讶。前者正意味着，生理时钟决定基因何时开启何时关闭。而这也解释了，在前文中出现的生活在地下室里的被试验者，其尿样中新陈代谢的产物为什么会随着体内时钟的变化上升和下降。我们的新陈代谢也是由生物钟控制，而几乎所有的身体机能都直接或间接地被基因控制。它们提供了细胞构建的蓝图，同时肩负起组织新陈代谢的责任。奥利弗的研究结果显示，细胞基因对昼夜节律有多么重要。根据具体有机体组织的不同，我们的基因组有15%～40%的基因在特定的时间段开启或关闭（但这并不是一个很大的数字）。不同的人体组织有不同的功能，它们相应地需要不同的工具，因此并非我们体内基因组的所有基因都在发挥功能。为什么一个肝脏细胞——就像视网膜一样——能生产视蛋白呢？有些基因，包括控制生物钟的基因，在体细胞里摇摆，因而使生物体产生了昼夜节律。时钟研究者们在几十年前业已对此有所了解。

第10章　时间生物学

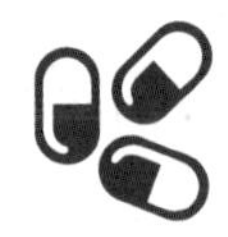

案例

几百万个微生物聚集在一起漂浮在海平面上，就像在跳舞。它们向着太阳的方向游去，聚集在同一个地方，以至于形成厚厚的一团生物云。一旦达到一定的密度，他们就会融合成一个整体，但又因为密度超过了水的密度，它们渐渐地沉了下去。在下沉的过程中，一团生物云又分散成单个的生物体，它们再次向有太阳的地方游去。这个过程一再反复，形成了小小的环流，一个磁场，把这些微生物吸到海面上。一团生物云越来越大，越来越厚，又一次沉下去。微生物之间似乎存在吸引力，较大的会把较小的吸引过去。一旦聚集在一起的生物群形成固定的活动轨道，就会像海平面和海洋深处之间的窗帘或极光。

海平面上的芭蕾舞会持续一整天，直到下午生物群变得越来越薄。微生物们似乎放弃了不断向上游的欲望，这条窗帘开始慢慢地消失。越来越多的微生物沉向海洋深处，它们会一直落到海底，或者落到由于水温不同而形成了隐形屏障的地方[1]，这个屏障会阻止任何微生物和微小粒子穿过。当太阳落山夜幕降临，落到海底或者隐形屏障上的微生物发出了微弱的光芒——当微生物撞到一起的时候，会发出蓝绿色的闪光，只是这种闪光非常微弱。

微生物们常被较大的生物捕食。在抱而成团的时候，如果猎食者闯入它们的小集团，它们就会互相碰撞发出闪光。有些猎食者会因此被吓得忘记了捕食，甚至落荒而逃。

微生物喜欢向有光亮的地方游，在夜晚的深海里，它们自己也会发出光亮，帮助它们汇聚在一起。它们共同的舞蹈使它们被拘禁在一个环流之中。

冬季来临的时候，海洋温度降低。微生物沉到海底，在

1　这个看不见的屏障叫作“温跃层”。

淤泥里过冬，直到春天水温升高。一旦它们发觉天气转暖，就会脱掉冬装，准备再次聚集在一起。它们繁衍的方式是无丝分裂。

理论

到目前为止我们主要讨论的是人类的生物钟，提到老鼠和仓鼠也是为了更好地了解哺乳动物的生物钟。我希望，读者们在上一章节已经了解到生物钟是生物身体机能的基础：时钟基因的产物表现出独特的、可遗传的性质（例如时间类型），并操纵着几乎所有层面的活动——无论是开启基因还是改变行为活动，它们是身体的计时器。但是钟表本来只是一种机械的或者电子的器械，是我们遵守时间的助手，我们怎样才能理解生物钟对生存的意义呢？

为了能够正确理解生物钟的意义（以及为什么只有生物钟才能使生物占据相应的栖身之所[1]），我们最好先把人类放

1　关于找到栖身之所与生物钟之间的联系，我们会在《突破黑夜的瓶颈》这一章深入介绍。

在一边，看看别的物种。所以我决定在这一章的案例中写一写微小的海洋生物。本章主人公是海藻，只是单细胞生物。它的细胞壁外还有一层坚硬的、布满小孔的鳞片。如果把30个这种细胞一字排开，这个链条也只有1毫米长。

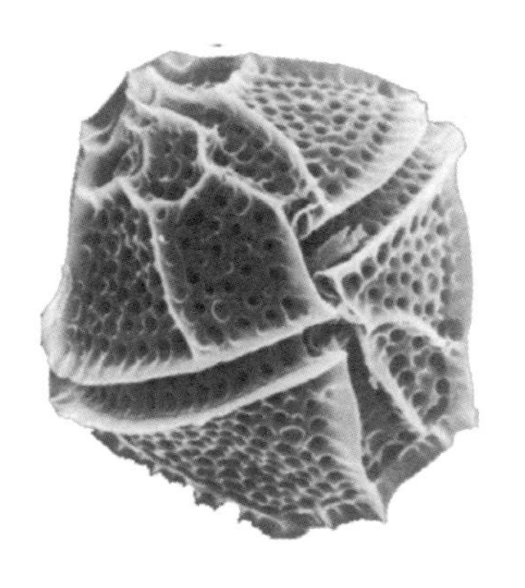

案例中的海藻，其学名为“多边舌甲藻”。我对这种海藻的研究持续了15年，一开始是在哈佛的伍迪·哈斯廷斯实验室，后来是在慕尼黑我自己的实验室。当时，这种海藻被称为“多纹膝沟藻”。它之所以成为时钟研究的研究对象，是因为这种单细胞生物能够在生化反应时发光——但只在夜

晚进行[1]。生物光对记录生物钟在单细胞中的运行非常有帮助。膝沟藻属于甲藻门，是在显微镜下才能看到的单细胞植物，它们有螺旋桨似的绒毛帮助它们移动。

时间生物学家不得不24小时在实验室内转悠。我在哈佛工作的时候，我们把实验对象保存在有空调的房间里，并将之戏称为“Gonies”。我发觉，在有阳光的时候，海藻都向水面上游；黑暗中它们可以自己发光，并聚集在培养池的底部。大家通过膝沟藻的发光情况来记录其生物钟，但是没人对它们聚集的特点感兴趣。我被这种昼夜变化的聚集方式吸引住了。让我感到更加兴奋的是，这些有生命的微粒表现出的行为决定了整个群体的生存特点。我开始进行我自己的实验。多次实验之后，我发现了一个令人震惊的事实：一个单细胞可能不止有一套生物钟。

通过实验室和海洋中的观察结果，我们开始明白膝沟藻群体在自然海洋中的行为。白天，海藻向海面上游，获取阳

---

1 在有些夜晚，人们可以在海浪中或者船头观察到这种生物光。

光合成能量和糖[1]。事实证明，海藻向海面上游不是一种向光性行为[2]。即使在实验室里，人们将灯光放在培养池的侧面，海藻依然还是向水面游。这种行为只能是由地心引力决定的。但是在这种人为的条件下，海藻细胞还是表现出了一些向光的特征。海藻细胞在白天只喜欢一定程度的光亮——不亮也不暗——但是他们在夜晚却像飞蛾一样：向有光的地方游，即使这种光亮会杀死它们。

上述实验表明，膝沟藻细胞及其群体的定向行为由两个因素决定：一个是重力因素，另外一个是光照因素。这对理解生物钟的产生具有重要意义，因为两种因素都由昼夜时间系统控制。在白天的向光性是“有选择”的向光性，但夜晚的向光性则像飞蛾扑火；白天的重力性是逆向的（向海面移动），夜晚的重力性是顺向的（沉入海底）。这种在逆向和

1 这个过程被称为“光合作用”。把接收到的光子转化为能量。糖分子由化学反应合成，这个过程消耗二氧化碳和水，氧气作为产物被释放出去。

2 有机体向光源移动的行为被称为“向光性”。有机体远离光源的行为被称为“背光性”。

顺向之间的变化界限不是太阳落山，而是在日落前两小时。为什么海藻要沉到海洋深处[1]？向上游可能很费劲——但是这可能是这种小生物最小的难题了。海面上有很多能量（以光的形式存在），也有合成糖的材料，但是海洋上层没有海藻生存所必需的养料[2]。这些养料来自死去的有机体，通常有机体的尸体密度比海水的密度大，因此都沉到了海底或者形成温度屏障的地方（温跃层）。而其他有机体既需要光来进行光合作用，也需要养料来进行繁殖。为了满足这两种需求，他们就经常在海面和海底之间移动[3]——为了在正确的时间做出正确的"决定"，它们需要能发挥功能的生物钟。

决定何时离开海面潜入海底很简单，因为细胞在黑暗中无法进行光合作用。但决定何时向海面游却不是一件容易的

1 如果我们把海藻垂直运动的距离与它的大小做比较，会发现它们运动的路线惊人的长。它们的上下运动距离长达10米，相当于人类上下运动18千米。这些微生物并不是主动地运动这么长的一段距离，而是通过扩张和缩小细胞里的气泡改变自身密度来运动的。

2 例如氮、磷、硫等。

3 这也意味着，以海藻为食的有机体也跟随海藻在海面和海底之间移动。

事情。这个艰难的决定由细胞中的生物钟负责。养料（例如硝酸盐）延缓了生物钟，也放慢了上升的速度。如果细胞在整个夜里吸取了足够的养料，纵然在日出之后仍然能够找到养料，生物钟也会发出指令：向上游。继续留在海底是致命的，因为不管细胞吸取了多少养料，它也在不断地消耗能量。从某时刻开始生物钟不再放慢速度，而是扭转了开关，敦促细胞向上游。只有在细胞的生物钟完全精准的情况下海藻才能获取足够的生存空间、时间和养料，只有这样它们才能在这个生态圈中发展，因为这个生态圈中各种必要的资源彼此的距离很远，而且在一天24小时中并不是时时刻刻都能找到（例如阳光）。

为了能够理解复杂的生物钟，仅仅了解“指示器”是不够的。请回忆地下室实验的结果，被试的活跃/安静的节律与体温变化周期不相同[1]。如果没有两种不同的指示器，就不会发生这种内部的不同步。在膝沟藻的例子中，几十年以来人们都用测定生物光的方法来研究生物钟。行为节律（活跃/安

1　参看《失去的日子》这一章。

静的节律）的发现使同时记录两种节律成为可能。在一定的实验室光照条件下，我们发现生物光节律与行为节律也有各自不同的周期，也像接受地下室实验的人们一样存在内部的不同步。这个结果证明了，不仅是像我们一样的复杂生物，就连单细胞生物也有不止一套生物钟。这些生物钟的其中之一控制着生物的向光性，另外一套负责调解养料的摄取；一套负责光合作用，另外一套负责垂直运动。

卡尔·约翰森用优雅的方式展示了一个有机体拥有理想的内部时间系统是多么占优势。他使用了一种比膝沟藻还简单的聚球藻[1]，它是蓝绿藻的一种。这种单细胞生物也有一套运行良好的生物钟，也通过光合作用产生能量。卡尔·约翰森使用了变异的聚球藻和普通的聚球藻做对比。变异的聚球藻在与外界时间隔绝的条件下表现出完全不同的节律，比24小时短很多。而未变异的聚球藻在与外界时间隔绝的条件

1 这种所谓的氰基细菌是进化史上最古老的生物之一。与海藻相反，氰基细菌没有细胞核（参看《精力充沛的仓鼠》一章中的传统基因学简易入门部分）。它与肠子中帮助消化的细菌是同类。

下，其节律比24小时长很多。他把变异的和未变异的藻群分别培养，并使两种藻类都处于12小时光照12小时黑暗的条件下。这时，两种藻群的生长速度一样快。然后他又把两种藻群合在一起培养，这样做是为了观察两种藻群的竞争力。结果两种群的生长速度仍然是一样快。然后他又把两种藻群放在10小时光照10小时黑暗的条件下（一天的周期只有20小时），结果发现周期短的藻群生长较快。最后，约翰森又把藻群放在14小时光照14小时黑暗的地方，结果发现周期长的藻群生长较快。如果两个藻群在同一个环境下竞争资源，适应力最强的藻群有更大的生存机会。卡尔·约翰森后来又把生物钟有缺损的种群放在持续的黑暗环境中研究，发现有缺损的种群竟然比生物钟完整的种群更加有竞争力，然而到了有明暗变化的环境里，生物钟缺损的种群就没有生存机会了。

我希望，各位现在想一下：为什么膝沟藻那样的有机体为了摄取资源每天都在进行长途旅行？为什么单细胞生物在夜里会发出光亮呢？为什么它们撞到一起的时候也会发亮呢？海洋生物学家喜欢用“恫吓天敌”来解释，就像我们在案例部分看到的那样。我还有另外一种解释，与恫吓天敌的假说并不是完全矛盾。许多动物都用生物光来与同类交流，请你想一想萤火虫，它们使用摩斯密码一样的光亮来交流。对于那些有性繁殖的有机体，如果不在群体中生活，就需要一种能够在求偶期引起异性注意的交流方式。膝沟藻也有与之类似的需求。海藻脱下了冬装[1]的时候，细胞肯定会经历一定的变化来为繁殖做准备。因此它们必须聚集在一起，否则离开群体的孢子就失去了与其他DNA交流的机会。在黑暗中发出光亮，有助于它们维护自己的群体。

美国时间生物学家玛丽·哈灵顿[2]对海藻及其时间生物学非常着迷，她甚至为多纹膝沟藻的生物钟写了一首诗。这是

1 这里的“冬装”是指胞囊。

2 玛丽·哈灵顿，美国北安普顿马萨诸塞州史密斯大学神经科学计划参与者。

唯一一首发表在《生物节律》杂志上的诗，并且可能是唯一发表在科学杂志上的诗。

反馈

如果懒惰的鞭毛虫，
就躺在那里，
不进行光合作用，
就要这样做：
保持时钟的速度不变。

它就会越来越虚弱，
虚弱，

虚弱，
直到耳边听见一个声音轻轻地说：
“起来！

起来！”

但是这却没有成功，

顽固的滕勾藻，

抱着手臂，

打着鼾：

“不要仅仅将我的生命（我的生命！）

称作‘指针’，

我就要留在海底！”

第11章　等待黑夜降临

案例

山洞中央，有人在照看火堆。虽然有这样的规定，必须有人负责看火堆，但是这个规定只在少数情况下才成为必须——所有人都睡着的情况很少发生。一般来说，总有人醒着，聚在火堆旁说说话，或者添些柴火。没有人能在如此漫长的冬夜里一觉睡到天亮。多数氏族成员在天黑之前就会回来，一个接一个睡着了，通常都是年纪小的人最后睡着。

穆克是氏族首领，天刚黑他就走进了自己的小山洞，立刻睡着了。不久之后他醒来，但还没有完全清醒，而是半睡半醒之间。部落里的说书人对他说，这个时候能想出最好的故事。他强调说，人在半睡半醒的时候看到的世界比原本的世界更神奇。穆克在黑暗中躺了一会儿，又迷迷糊糊地睡着了。睡着只是为了下次醒来。他又醒过来了，这一次他站起身，走到火堆旁。随着年纪的增长，他坐在火堆旁的时间也越来越长。

穆克盯着跳动的火焰，思绪飞到阴暗的森林里。他们在这个迷宫般的洞穴里睡觉的时候，穆克的女婿伍尔夫和其他三个男人正在森林里打猎。大约在太阳升起的时候，夜间猎手们会带着丰盛的猎物回来。此时，上了年纪的部落成员通常都已醒来。老人们开始处理猎物，猎手们则躺下开始补觉。

理论

本章又回到了我最喜欢的部分——我们自己。在前言中我谈到，虽然我的写作手法是小说式的，但是蕴含在案例中的科学理论基础却是真实的。这个案例中关于时间系统的部分也是真实的，只是案例中关于石器时代人类生活的部分可能不是事实。如果某位读者是古生物学家，请多多包涵。我这样写的目的，是想追溯和描绘人类在不远的过去的生活状况，那时的人类非常依赖白天与黑夜、光明与黑暗、寒冷与温暖。

我在写石器时代案例故事的时候，突然发觉“几小时之后”这个短语用在这个故事里实在是太“现代”了。我在现实生活中也遇到了这个问题，一位年轻的同事问我：我们是否需要为文明未开化的民族制作时间类型调查问卷（MCTQ）[1]。他的女友是人类学家，正在研究马达加斯加村落里人类的行为。那里的人远离现代文明与科技。因此，询问那些人什么“时候”睡觉或者起床是没有意义的。直至今天，我们仍然没有制成“第三世界国家时间类型调查问卷”，因为我们很难把已经习惯的小时与分钟的时间体系替换成其他普遍使用的时间体系。太阳升起、落下，可能还有正午，都是描述一天中不同时间段的自然标志。如果想找到准确的自然时间系统，就必须深入研究被调查的人们，弄清

1　慕尼黑时间类型调查问卷（缩写MCTQ）在第1章《不同的世界》中提到过。

楚他们是否使用自然标志标记时间，例如某种鸟类的到来、花开花落[1]、山的阴影形态或者特定的自然现象等。

我们的睡眠习惯在进化中是怎样发展的？只有少数动物有很长的睡眠与清醒的时间——它们中的很大一部分被称为“短小”睡眠者。虽然它们多数情况下在夜里睡觉（白天则非常活跃），但也只是在没有事情（打猎、割草等）可做的时候才去睡觉。夜晚围在火堆周围的人们，并不是专门创造出来的故事。人类学家与行为研究者[2]曾经在研究未开化民族的行为后指出，他们在多数夜晚睡眠的时间，比我们一觉睡醒需要的时间长很多。赤道附近的夜晚时间常年比12小时长。越远离赤道，夏天的夜晚就越短，冬天的夜晚就越长。我们的祖先还不能用灯光人为地把白天延长，他们是怎

1 瑞典著名的植物学家、物理学家和动物学家卡尔·冯·李内曾经在乌普萨拉的自家花园里种植了一种圆形花朵。这种花在一天的不同时间段里开花，因此被当作时钟使用。在博登湖上的迈瑙岛的迈瑙城堡花园里，最近人们也种植了李内的花朵时钟。

2 人类学是研究行为活动的科学。行为研究领域的先锋是康拉德·洛伦茨、艾利希·冯·霍斯特和尼科·汀贝格。

么应对黑夜的呢？虽然爱迪生发明的白炽灯对延长白天起到了很大的作用，但是他的发明不是第一盏“黑夜明灯”。从前的人们已经使用火堆或者蜡烛了。某种程度上说，案例故事里描述的山洞火堆，就是第一盏“黑夜明灯”。

即使在我们已经不再受制于黑暗的今天，我们的睡眠时间（和清醒时间）也还比较长：平均为8小时（和16小时）。决定我们入睡的因素是我们的生物钟，清醒的时间间隔，以及睡眠压力程度。睡眠压力在睡觉的前半段会逐渐消减，因此到了睡眠的后半段，醒来的趋势逐渐加强。我们都有这样的经历，如果在半夜醒来就很难再睡着。哈佛大学研究时钟与睡眠的科学家查理斯·A.切斯勒提出一种理论，它解释了我们的生物钟在睡觉和清醒两种状态下扮演了怎样的角色。清醒与疲惫是由大脑中心控制的，大脑能够记录下来我们需要清醒多长时间，为了能感觉到生物钟，视交叉上核（SCN）[1]像报时钟似的向我们发出信号。还有其他因素影响

1　参看《当黑夜变成白天》和《精力充沛的仓鼠》。

我们的疲惫感：体温的降低，尤其是大脑温度的降低[1]。我们的体温维持在不超过37℃的范围。我们都亲身体验过，生病发烧的时候会感觉非常累。到过极地探险的人可以回忆一下冻僵时的感觉——此时人很容易睡着。如果大脑温度降低，我们就会变得疲惫。如果大脑温度升高（没达到发烧的程度），我们就感觉非常清醒。切斯勒的假说基于这样一个事实：我们的体温在睡眠的后半段达到最低点，这让我们还能睡几小时，尽管此时的睡眠压力已经减轻了一大半。

这个假说能够解释我们为什么可以睡这么长时间。但是我们还需要得到解释的是：为什么我们的清醒时间也很长。就像睡眠的前半段睡眠压力会大幅降低一样，我们在清醒时间的前半段睡眠压力增加得最快，所以我们在中午会感到相当疲倦——即使我们什么都不吃（如果我们什么都不吃，午睡时的困倦会更严重）。根据我们的睡眠时间和质量，我们可以战胜中午的困倦，或者在无法抵抗困倦的时候睡个午

1 最新的一种解释我们为什么打呵欠的假说是：我们的大脑在降温。

觉——至少打个盹。灯光会帮助我们保持清醒的状态，黑夜的作用则相反。我经常有这样的经历，中午我的同事（我自己也不例外）会在一个非常有意思的研讨会上睡着，甚至在为了看清屏幕内容把会议室电灯全关上之前就睡熟了。

在地中海的文化圈里，由于热量、黑暗和晚上睡得少的关系，人们的午睡时间变得尤其长。地中海的夏天，中午非常热，农民不能进行户外劳作。他们一天的工作量与其他地区的农民没有太大差别，夏季非常热的那几天除外。为了解决这个问题，地中海地区的农民会在夏季最热的那几天早上提前开工，夜晚加班，中午不干活。因为早上起得早，夜里睡得少，所以睡眠的压力非常大。应对中午的炎热最好的方法，就是找一个阴凉的地方（在空调广泛使用之前，就只能找阴凉的地方）午睡。

高睡眠压力和黑暗使人很容易入睡，对于经历中午困倦期的人来说尤其如此。请想一想上文提到的研讨会上把电灯关掉的例子——不管研讨会内容有多么吸引人，黑暗的力量都让我们迅速入睡。

午睡文化显示，在如何以及何时满足睡眠需要方面，我们有某种灵活性。我们可以把睡眠分成两部分：夜晚睡眠和炎热正午的午睡。在特殊条件下，我们的睡眠可以超过12小时：参加地下室实验的被试就是一个例子。我们怎样以及何时补觉的能力，则由体内时间系统决定，就像《数羊》这一章的例子一样。在某些日子里，我们很容易入睡，在另外一些日子里，我们即便十分疲倦，也难以入眠。午睡的深度是一扇很好的时间窗，可以推迟第二期睡眠。但是别忘了，我们自己的“中午”由生物钟决定——如果某人的时间类型非常晚，那么他的“中午”可能就是18点。

到目前为止，我还没提到睡眠模式随着年龄变化的问题。“越是上了年纪，人在火堆旁的时间就越长。”这种变化是因为一天之中睡眠的不均匀分配造成的吗？还是随着年龄的增长，人的睡眠需求发生了变化？或者是因为在一生中的不同阶段，我们身体的时间类型也有所不同？

第12章　青春的尽头

案例

伍尔夫在森林里潜伏了很久，但是仍然没发现猎物。他感觉到了时间的流逝，但不知道自己在黑暗中等待了多久，周围只有属于夜晚森林的各种声音。傍晚的时候，他与其他三个猎手一起离开了山洞，在夏季的夜色中走了大半夜，才来到一片树林，他们期望在这里能捕到猎物。三人找到了一个很好的位置，位于树林和草地的交界处，动物们必须经过这个山谷。男人们知道，他们到达狩猎地点的时间太早了，猎物在太阳升起之前才会经过这里。狩猎完毕之后，回到山洞的路将耗费他们更长的时间。从这里回家的近路要经过森林最深处——尤其适合他们拖着沉重的猎物回家。他们前去捕猎时通常不会选择这条近路，因为他们不想遇到森林里的动物，尤其是那些可能捕食他们的动物。今天，风向是冲着草地的——这再好不过了，这样在他们绕着森林走的时候，猎物不会嗅到他们的味道。

即使在近似永久的黑暗中，保持清醒对猎人来说也是至关重要的。他们不能交谈，最好也不要有任何动作。无论是他们的猎物，还是把他们当作猎物的猛兽们，都不能注意到他们的存在。绕森林的1/4的路程他们都走得很快，甚至是在跑。然后他们就停住了，接着在一条小溪里洗去汗水，让自己身上沾满苔藓和森林的味道。到达目的地前的最后一段路程他们走得很慢，有意绕过了大路，并且用树叶、苔藓和泥土把自己包裹起来。狩猎的技巧都是从老人那里学来的，现在，轮到他们年轻人使用这些打猎技巧了。辛苦的跋涉，漫长的等待，抵抗睡意，搬运猎物，所有这些都由年轻人来做。

想保持清醒，就必须不断地想事情。伍尔夫想着他的妻子和孩子们，现在他们一定是待在安全隐蔽的山洞里。在年轻一代中，他属于最有成就的人之一，所以他能够娶首领的女儿。他们已经有了两个孩子，第三个还在肚子里。他回忆起自己经历了很多次挑战，才被确认为未来部落首领候选人之一。他第一次跟随前辈出去打猎时，前辈一连好几个晚上都不准他睡觉。如今，他连续好几年都是深夜打猎队伍的领队，现在到了他与同伴们选择年轻人传授打猎技巧的时候了。再狩猎几次之后，他就不再承担狩猎任务了——随着年龄的增长，他不能整夜在森林里不睡觉了。

理论

睡眠时间在不同的年龄段各有不同，这是大家都深有体会的吧（你看，我说过，这本书就是在讲平常的事情）。新生儿的生活节律由喂奶的频率决定，通常其周期都短于24小时。在新出生的第一个月里，婴儿的活动周期逐渐延长，直到发展出完整的一天周期。但是这不等于此时小孩子的生物钟能够完全发挥作用——在此时的周期内，小孩子的活动内容只包括睡觉、醒来、吃饭、成长、再睡觉、再吃饭、继续成长——在短暂的清醒期间，婴儿不会意识到这些活动对成长的意义。一个人的生命是循环的，我们变老的时候，会变得像婴儿一样没有牙齿，围上尿布，睡眠清醒的节律变成次昼夜型[1]。虽然从多个方面来说，童年早起与晚年早起表面上十分相似，但是儿童和老人在夜里醒来以及白天打盹的原因是不同的。

研究睡眠的荷兰科学家范·绍默伦指出，缺少光照是促生老年人次昼夜睡眠模式的原因。多数老年人出去的机会很少，经常待在只有电视光源的老年公寓里，这导致他们的体内时间系统无法与外界达成同步。范·绍默伦记录了老年公寓里的活动情况，他用直接的数据表明了老年人夜晚的睡眠被活动打断的频率，以及白天的活动被睡眠打断的频率。使用仪器（类似手表）记录下来的活动如图所示[2]：

---

1 婴儿和老人的睡眠清醒节律比一天短，这种生物节律被称为“次昼夜”。如果睡眠清醒节律比一天长的，被称为“超昼夜”，例如我们在《四季通用的时钟》这一章读到的季节性节律。

2 根据绍默伦、凯斯勒、米尔米兰及施瓦布1997年的数据表重制，原文发表于《生物神经病学》总第41期，第955–963页《利用间接光照改善痴呆患者昼夜活动》一文。经爱思唯尔数据库授权。

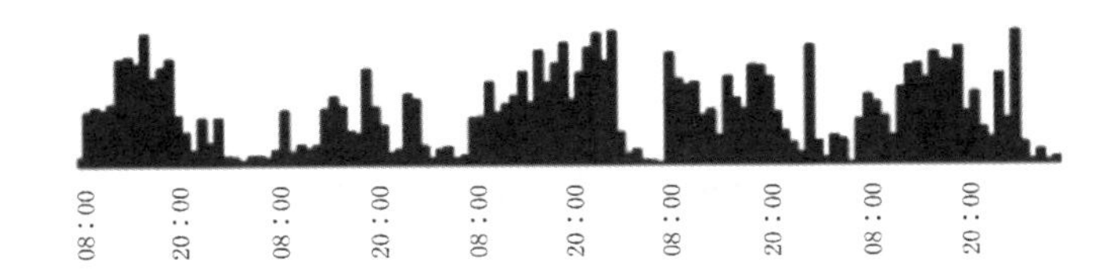

虽然从上图可以明显看出，老人白天和夜晚的活动量是有区别的，但是在夜晚（20点至8点）记录器仍然有活动记录。后来绍默伦和他的研究小组在公寓的活动室里增加了照明，清醒和睡眠的不规律的情况就减少了。

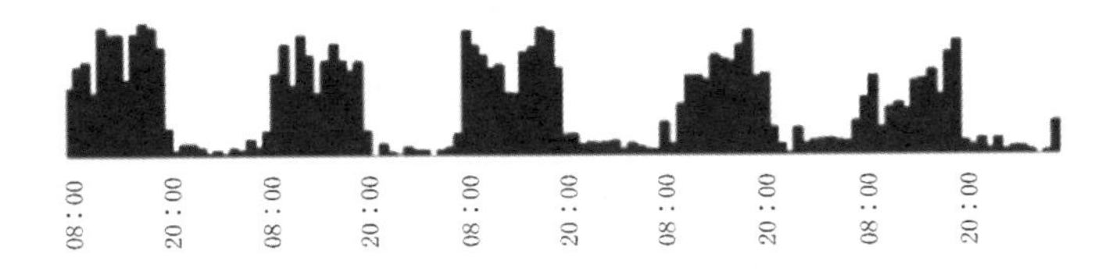

毫无疑问，老年人的身体和大脑会发生改变，很多功能都会退化。控制动静和睡眠清醒的大脑中枢也不例外。但是范·绍默伦的实验显示，衰老行为不一定是由于大脑的退化引起的，可能是由于我们生活的变化（例如缺少光照或缺乏活动）引起的。

但是，时间类型与年龄有关联吗？随着年龄的增长，生物钟会不顾基因性质而发生变化吗？基因性质不是一成不变的。例如我们的身高就是基因决定的[1]，但是我们经过了好几年才达到应有的高度，随着年龄的增长，身高又缩水了。时间类型也会随着年龄发生变化——尤其是青少年。我们中的大多数在一生中都经历过两次这样的情况：毫无困难地整夜不睡，然后白天睡一整天。一次是我们自己十几岁的时候，另外一次是我们的孩子十几岁的时候。

我们再来看另外一件很平常的事情。但是和其他例子一样，很平常的事情也带出了数据，我们需要理解这件事后面的原因和机制。大量的数据汇总会帮助我们分析事件和现象后面的原因。

一位女同事曾经问我：统计学告诉我们，在一定人群中抽取一部分样本就能推算出统计结果，而我们的数据库却一直在不断地搜集数据，这在科学伦理上是否正确？她的观点有一定的道理。如果在运用统计学方法已经能够预知结果的

---

1 除了基因的影响，成年人的身高还受诸如饮食等非基因因素影响。

情况下还在继续搜集数据，就属于过度信息搜集了。如果搜集数据只是为了回答某一个问题，那么以上观点是正确的。但事实上，我们之所以不断扩大数据库，其真正价值在于我们希望不断地深入细节，并且不断提出新的问题。例如我们想知道时间类型在10岁到70岁（61年）年龄段的分布——男性和女性分别统计——那么统计范畴就应该延展到61（年）×2（种性别）=126（份数据）。如果想确保每一份数据都有足够的样本基础，那么每一范畴需要搜集相同人数的数据（至少通过概测法）。在上面这个例子中，数据库需要至少搜集126×126 = 15 876人的数据。如果还想具体了解农村人与城市人的区别，那么理想的情况应该将统计人数乘以4（252×252 = 63 504人）。我们的数据库很庞大，而且一直在增长（至少包含了85 000个数据，每个月会增加500个），如果想做上面那个统计，我们马上就可以动手。我们统计了时间类型随着年龄的变化，得到以下结果：

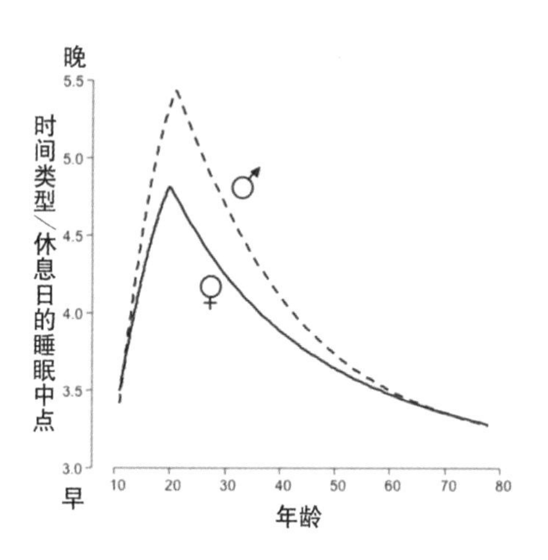

小孩子的时间类型相对比较早（对很多年轻的父母来说是种折磨），随后逐渐变晚。在青春期或青少年时期的时候他们就变成了猫头鹰，在20岁左右达到最晚值，然后时间类型就在一生的余下时间里逐渐变早。女性平均在19.5岁达到最晚值，男性平均在21岁达到最晚值。两个性别之间一年半的差异由成长造成。青少年时期虽然被定义为青春期与成年之间的时期，但是青少年时期的终点没有定义。如果观察时间类型的发展示意图就会发现，我们首次找到了生物学意义上的

“青少年时期终点的标志”[1]。

因为男性的时间类型最晚值比女性晚一年半，所以男性成年的平均年龄比女性晚。随着年龄的增长，男人的时间类型变早的速度却比女人快。到了52岁左右，男女之间的差别就不大了。这与统计学上女人的绝经期年龄统计结果相符合。

至此，时间类型不再有性别区分，但这与绝经期开始毫无关联。绝经期开始的原因在于荷尔蒙的变化。男人的荷尔蒙也会随着年龄的增长而发生变化。睾酮素降低是男性有啤酒肚的原因之一。就这方面来说，依赖年龄因素的时间类型也反映了荷尔蒙的变化，荷尔蒙变化从20岁开始，一直持续到明显出现衰老的时候[2]。

正如你所看到的，对于时间类型随着年龄改变这个现象，我更倾向于用生物学的理论来解释，而不是文化理论。这让我陷入了很多批评之中——主要来自科学界以外的团体，当

1　同名文章发表在2004年的《当代生物学》杂志上。

2　男性虽然在高龄时甚至一直到去世之前都能排放精子，但是证实这种可能性的真实统计数据非常少。

然也有部分科学家同事们。我喜欢把他们的批评称为“迪斯科假说”——他们认为，如果青少年们早早地上床睡觉（换句话说，没有在迪斯科舞厅玩到天亮），他们在第二天早上会精力充沛地醒来去上学。不过，我们从世界各地搜集到的数据却为反驳这种假说提供了支持。时间类型随着年龄变化的情况不仅仅只出现在大城市，它也出现在乡村地区。其范围从意大利阿尔卑斯山谷一直延伸至爱沙尼亚、印度或者新西兰。反驳“迪斯科假说”的最有力的证据是实验，实验数据来自我在去年夏天参加的会议。在我们的敦促下，研究者开始研究啮齿目动物的时间类型变化，实验发现，虽然动物一直生活在实验室里——没有去过迪斯科，但是时间类型在青春期开始后也变晚了。

如果我们在实验中发现，较晚的时间类型不是未成熟的青少年们选择的生活方式，而是在青春期或者青少年时代存在的一套生物程序，那么“迪斯科理论”就被颠覆了。如果这个年龄段的人的生物钟延长过多，使他们在清晨之前都无法入睡，那么他们应该怎样做才能不影响其他人呢？迪斯科是一个必要的领地或者机构，它让那些晚上无法入睡的青少年无须打扰其他社会成员。

使得青少年的时间类型变得这么晚的生物学原因是什么呢？为了弄清这个问题，我们必须回到石器时代。我们的统计数据来自现代工业社会，20岁左右的年轻人大多还在接受教育，没有组建家庭。但史前时代与现代社会不同，正如我在上文夜间狩猎的案例中描述的那样。我设想案例主人公伍尔夫大约25岁。在这个年龄，他必须迎接重要的挑战，为未来、部落中的地位拼搏。伍尔夫显然已经“做到”了。夜晚猎手为整个部落提供价值极高的蛋白质，当然也赢得了尊重，是他这个年龄段的成功者。他的地位类似于我们今天的奥林匹克运动会的金牌获得者。毅力、坚定持久的注意力和竞技状态只在一定的年龄阶段才出现，这与时间类型的最晚值相符。

但是为什么在这个年龄段，时间类型“晚”就比“早”更有优势呢？这是因为早起类型和晚起类型之间的区别不仅仅在于睡觉时间吗？我使用了不常用的方法找到了这个问题的答案。为了在找出生物钟控制身体机能、认知能力、行为方式甚至生物化学反应的方式，也为了不让睡眠或行走等因素影响实验结果，我们做了一个惊悚的实验——所谓的“持续不变”实验。被试都得到了很好的报酬，有些人也对这个实验抱有极大的兴趣。他们保持30～48小时不睡，这期间每小时接受一次检测，类似《数羊》一章案例中的那样。许多诸如血压等生理参数受到生物钟的控制，直接反映状态和行为的变化。如果我们改变身体的状况，例如吃得比平时多，在室内走来走去或者突然离开明亮的灯光，生理参数就会受到影响，甚至混淆实验结果。因此被试在“持续不变”实验中始终处于昏暗的光线下，吃热量标准化的“小吃”，每小时接受许多测试，抽血，向试管里呕吐，或者提供尿样。这些实验使我们能够追踪生理过程、认知过程甚至是心理因素中的节律变化。

在实验开始之前，我们通过MCTQ慕尼黑时间类型调查问卷确定了被试的时间类型。之所以用问卷调查事先确定事件类型，是因为一方面，我们想检测一下通过调查睡眠习惯来评估时间类型的准确度，以及这种调查问卷是否适用于评估其他受生物钟控制的参数；另一方面，测定节律不仅需要参照当地时间，也需要考虑个体的体内时间。第一次实验的结果非常振奋人心。被试血液中的生物化学因素在一天之内的变化与MCTQ问卷调查确定的时间类型非常一致。例如较晚时间类型的人，其血液中皮质醇浓度达到一天之中最低点的时间，也晚于较早时间类型的人。褪黑素也是如此。我们用其他方法确保了MCTQ问卷调查数据的准确性（佐证）：我们请被试连续六星期记录每天的睡眠和活动情况[1]。

所有这些佐证显示了，人们能够准确地估计工作日和休息日里上床和睡眠的时间，也显示了不同个体的时间类型的区别不仅仅在于睡觉时间。

在我们回到本章节最重要的问题（为什么在某个年龄段，较晚的时间类型比较早的时间类型更具优势）之前，详细描述“持续不变”实验是很有必要的。“持续不变”实验

1　活动是通过Actimetern确定的，这是一种类似手表的仪器，也可以戴在手上。也就是调查老年人睡眠部分提到的那一种仪器。

非常严格，以至于某些被试虽然有良好的意愿却无法撑过18小时。有些人需要我们不断地劝说才能继续下去。中断实验的被试多数都是较早时间类型的人，他们说自己就是无法保持长时间的清醒。逻辑上，较晚时间类型的人也会在几小时之后出现同样的情况，但是令人惊奇的是，事实上他们没有出现这种情况。看起来，较早和较晚时间类型之间还存在睡眠压力的区别。较早时间类型的人，他们的睡眠压力显然来得更早。另外，较早时间类型的人在睡眠被剥夺的情况下，不能像较晚时间类型的人一样“睡足”[1]。

时间类型的研究是相对较新的领域，因此必须小心谨慎。在某些情况下，睡眠压力出现的速度和睡眠时间可能彼此没有关联。有些较早的时间类型能够长时间不睡觉，并且能够长时间保持注意力完成工作。但是这种能力在较晚时间类型群体里更加普遍。

伍尔夫很好地利用了自己的时间类型，通过夜晚狩猎获得了成功。整个晚上他都必须保持良好的竞技状态，并且回

1 在《黑夜中的光》这一章会回顾这一问题。

到山洞之后能在天亮的情况下补觉。如果毅力和效率是使年轻人成为“迟到型”的原因，那么在当今这个出产奥林匹克金牌的时代，较晚时间类型的青少年就相当于石器时代的夜间狩猎人了。

但是那些年轻人必须早起去学校学习。在某些欧洲国家，8点钟就开始上课了，德国就是如此。所以为了不迟到，有些学生必须在将近6点的时候起床。

第13章　完全是浪费时间

案例

雅各布现在无论如何也得抽一根烟，他说服了菲利克斯在第一节课下课的时候跟他一起离开校园。学校的走廊里不允许抽烟，想抽烟就不得不在到距离禁烟区100米的校园边界区域。雅各布的心情很差。他没睡好，因为考试成绩不好，他的父母最近把他看得很紧——现在这种该死的状况已经延伸到了学校里。母亲与儿子考得最差的那一科的老师谈了一次。谈话后的结果就是——大概老师也是好心——每节课他都会被纠正口语错误，那些错误本来只会在笔试的时候才会被纠正。

这已经是一星期以来雅各布第三次看到老师充满期待

的脸了："那么，雅各布，这个简单的问题你一定能回答上来。"这一次是数学老师布劳索普。但是这个问题雅各布根本不知道怎么回答。

"这是怎么回事啊，菲利克斯？"点燃一根烟之后，雅各布几乎冲着朋友吼出来了，"我在你旁边坐着，老师讲课的时候我也听着呢。但是他的脸就突然在我眼前冒出来，我就突然想不起来他刚才说什么了。我就像瞬间短路似的。布劳索普是好心，我知道，但是我就是想不起来他问了什么问题！"雅各布不知所措地看着自己的朋友。"他到底问了我什么问题？"

"真的是个很简单的问题。"菲利克斯回答，"他就是问，导函数表现了原函数的什么特点。"

"反映原函数每一点的变化率。"雅各布回答。

"正确，为什么你在课堂上说不出来啊？你就是坐在那里，看着他发呆，就好像他问得很难似的。"

"因为我根本没听清这个问题是什么，我刚才不是说了吗，我好像一瞬间短路了似的。"

“但是布劳索普不知道啊，这已经不是这星期里第一次发生这种事情了。”

雅各布最后吸了一口烟，把烟头弹到树丛里。两个人回到学校。

“真是不公平。如果我能像希尔达一样就好了，每天早晨精神抖擞地坐在第一排，睁大眼睛，不错过老师讲的每一个单词。猜一猜，她有没有瞬间短路的时候？”他看着菲利克斯，希望能得到朋友的理解：“第一节课完全是浪费时间！”菲利克斯的回答让他感到惊讶：“我觉得，有些老师也觉得和你这样的学生打交道是浪费时间。”雅各布没觉得受到侮辱。他太了解菲利克斯了。菲利克斯在早晨的时候比他清醒，而且菲利克斯总是能从另外一个角度看问题。

雅各布想，他的数学成绩应该比希尔达好，但是他却从来没能证明这一点。为什么这个该死的考试就非得在第一节课进行呢？如果晚一点举行，他的成绩就会好很多。在过去的一个月，他确实感到成绩有下降的危险。他真的很努力地想早一点睡觉，他拒绝了所有的聚会邀请——甚至周末的聚会也拒绝了。然而这根本没起什么作用，他还是睡不醒。深夜的时候他又把学习材料复习了一遍，有时候他一直学到凌晨。早于1点钟睡觉根本没有用——他根本睡不着。

走向物理教室的路上，雅各布看见了安妮。她和雅各布住在同一条街上，比雅各布小，正是风姿绰约的少女。她转过身的时候，雅各布看见了她穿的T恤背面写着一句话。这个早晨，他第一次笑出声。

理论

几年以前，有人邀请我去德累斯顿旁听萨克森州议会的会议。那次会议围绕学校上课时间是否应该推迟这个问题展开了辩论。我做了一次简短的演讲，简单介绍了生物钟及其基因基础。最后我描述了关于时间类型在青少年时期达到最晚值的发现。议员们还没来得及开始讨论，几位与我一样旁听会议的教师就发言了。其中一位是物理教师，他义愤填膺又自信满满地说："我的学生们在早上8点很清醒。"我问他，那些学生有多大，他回答："十七八岁。"我问这位对自己的观点深信不疑的老师是否有证据证明他的观点，他很自信地回答："我看到的，这是很明显的事情。"

真是令人惊讶，根深蒂固的主观判断竟然凌驾于理智之上。他不是宗教课的老师，而是本来应该熟悉科学规律的物理老师。如果雅各布在回答"请证明地球围绕太阳旋转"这个问题的时候回答"我们都看见了，这是很明显的事情"，那么老师会给他多少分呢？至少从伽利略开始，我们就知道在科学辩论中必须让事实说话。我多年的同事玛尔塔·梅罗在遇到有这种想法的人的时候都会喊出来："给我看数据！"

下一个为讨论做出贡献的人是一位萨克森地区学校的校长。他陈述了学校制度中的细节，认为青少年的生物钟问题没有意义。现实有多重因素，学生和工作的人们都需要同一个公共交通系统。在通勤高峰，公共交通系统必须为工作的人们服务，不能单独安排校车为随后上学的孩子提供服务！简明扼要，讨论结束！

正如各位读者看到的那样，讨论的层次很低，很浅薄。我也曾经与欧洲各个地方的教师和政治家进行过类似的讨论。其中值得一提的一次讨论是与巴伐利亚的政治家进行的。这次讨论由《慕尼黑日报》主办。这家报纸抓住了我们发现青少年的时间类型很晚这个课题，写了一篇挑衅性的文章，支持推迟上学时间这一观点。在文章发表之后的第二天，该报又刊登了一篇题为《睡眠研究者在研究的时候睡着了》的文章。文章内容是对巴伐利亚州办公厅课程文化部的新闻发言人的采访。这位发言人提出了有趣而且有逻辑的反对意见，她的意见表现出对时钟与睡眠研究者的无知。“难道那些科学家没发现正午生理低点吗？如果学校开始上课的时间像科学家们要求的那样晚，那么可怜的孩子们不就正好在疲倦得无法集中精神的时候上课了吗？那些科学家们怎么这么目光短浅呢？”

当第二天有人把这份报纸带到实验室之后，我马上给州办公厅打了一个电话，希望与那位发言人谈一次。我表示对她的观点的理论出处很感兴趣，我们也许错过了某些重要的出版物，因此希望能够补上这些课，修正我们的观点。她非常友好——新闻发言人都是这样——说她会马上把材料发给我。我期望的材料是一份说明学生在上课时间推迟的条件下比早上学的条件下更疲惫的调查报告。简而言之，我引用玛尔塔的话：“给我看数据！”。在我们的意料之中，她没有把承诺的材料发过来。

如果整本书都是这样的辩论，这本书就太空洞太无聊了。但是我还想写一个例子。一家报纸（不是上文提过的）邀请我加入一场笔战——我的“对手”是德国教师联合会的主席。我们两个（我不知道是否还有其他人）需要写篇200字以下的文章，为上学时间是否推迟进行辩论。联合会主席反对上学时间推迟的理由如下：

1.每天的效率最高点是因人而异的，8点至13点是综合所有时间类型而制订的上学时间，在这里主席还添加了备注，如果学生们在早上不清醒，就是他们缺乏睡眠，我敢断定，这是因为他们前一天睡觉太晚；

2.他认为多数家长支持8点钟上课，因为他们自己也得去上班；

3.他提出了校车的问题，与上文德累斯顿同行的意见相似；

4.根据与学生的交流，他确信90%的学生更愿意8点钟到校，因为他们可以在13点钟回家。

令人惊讶的一系列论点！又是根据自己的主观判断（字里行间透露出来的），而非根据事实下结论。有些论点只表明了信息的缺失。但是令人欣喜的是，他的第一个论点是从不同时间类型入手的，但是他忽略了时间类型会随年龄变化而变化，青春期的时间类型是相当“晚”的——不管个体性格如何，每个人的时间类型在这一时期都会变晚。而且，他忽视了这样一个事实：现代社会，不管老少，人的时间类型都变晚了，超过60%的人都觉得在第一节课集中精神是件很困难的事情。文章认为传统的上学时间是综合所有时间类型而制订的规则，这一观点缺少实际的数据基础。“迪斯科理论”驳倒了第一个论点。悲剧在于，所有其他的论点都是正确的：青少年在早晨不清醒，就是因为他们缺乏睡眠，因为他们前一天上床时间太晚。这是完全正确的——但是，到底为什么？

主席的第二个论点——家长担心如果上学时间推迟，孩子们就没有人管了——反映了一个普遍的教育误区。在讨论是否推迟上学时间的时候，我们要论的客体是青少年，他们已经不是小孩子。为什么这个年纪的学生不能在家长上班之后出门呢？第三个论点，即校车理论，明显存在逻辑上的问题。为什么这个论点在大家谈到上学时间的时候会经常出现？教育事关一个国家的未来，如果有机会可以改善如此重要的一件事情，那么不管有多少困难，用校车运送孩子的难题从长远角度来看都必须得到解决。这个难题不应该成为反对的理由。第四个论点还是缺少数据的问题。多少名学生支持现在的上学时间？进行调查的时候，问题是怎样设置的？而且这完全是伪善！我经历过多次学校政策的改变，没有一次是因为学生反对就停止的。在了解了多个角度的观点和意见之后，现在我们来研究一些事实。

最重要的事实已经在前面的章节出现了：青少年的体内时钟推迟了若干个钟头，最晚在20岁达到最晚值。这个基于生物学原因，而不是社会原因的事实，是如此激动人心。玛丽·卡斯卡登于20世纪90年代初首次发现，青少年的迟到现象产生的原因不是社会性的而是生物学的，她随后发表了这个研究。从那时开始就涌现出许多研究项目，它们旨在研究上学时间的改变对学生的影响。这些研究的结果是很明确的。卡斯卡登找了几名学生做志愿者，让他们在本来应该去上学的时间来到实验室做被试。她发现，这些年轻人之中许多人看上去都患上了“发作性睡眠”——一种严重的睡眠障碍。一旦允许，他们就会在早晨马上睡着，直接进入快速动眼期。通常这一睡眠阶段发生在睡眠快结束的时候，而不是睡眠的开始阶段。这一结果表明，这些学生还处于生理方面的睡眠阶段，虽然他们看上去是醒着的。学生们直接进入快速动眼期这一现象与“发作性睡眠”患者的症状十分相似。换句话说，如果一个人太疲惫了，就会表现出在“发作性睡眠”患者身上才有的行为，甚至进入瞬间性睡眠。案例中的雅各布就是这种情况，他在短时间内就失去意识。通常患者和旁人都没有觉察出他们失去意识的瞬间。如果一个司机身上发生这种情况，即使他从车祸中幸存下来，他也无法回忆起自己是怎样开过这条街的。

青少年需要8～10小时的睡眠，但是在上学的日子里睡眠时间会减少。最近，人们对一所高中开展的调查表明，上学时间推迟1小时之后，保持8小时以上睡眠的学生由35.7%跃升为50%。出席率、学习成绩和活动力，甚至饮食习惯，都随着上学时间的推迟发生了显著的改善。

在以上的调查结果面前，德国教师联合会的主席认为传统的上学时间是综合所有时间类型而决定的这一观点，不仅仅是完全错误的，而且是对较晚时间类型的明显歧视，也就是对多数青少年的歧视。只有当早上七八点钟的时候，一部分人还没清醒，另一部分人已经精神抖擞了，这一“综合”才有意义。德国的一项研究就以学生的时间类型与毕业考试之间的联系为对象。结果令人非常吃惊：时间类型越晚，毕业考试的成绩越低。

教师和政治家反对推迟上学时间多半是因为他们是一根绳上的蚱蜢，教师们已经习惯了上午上课，下午在家批改作业以及备课。对他们来说，推迟上课时间意味着必须在学校开展以上工作。另外还有一个原因是，多数教师已经到了时间类型变早的年纪了（甚至可能存在这样一个趋势：选择教师作为职业的人，多数都是时间类型比较早的人。）从瑞士到美国，越来越多的国家开始尝试为青少年改变课程表。

丹麦的一个学校甚至完全废弃了课程表，学生们可以自己决定什么时候到校。哥本哈根的一所学校的老师最近在一个电视采访中指出，学校是一个服务机构，因为必须为客户提供尽可能好的服务，营造一个最佳的环境，这样才能达到尽可能最好的教育效果。允许学生们在最合适的时间睡觉或工作，应该是服务的一部分。这所学校的改革试点过程中有科学家参与，对于第一阶段的结果，我感到非常振奋。我们可以给青少年多大的自由来选择苏醒和睡眠的时间？这个改革是否会最终导致教师不得不在晚上8点上课？为了回答这两个问题，我们必须探讨“周期确定”机制这个问题。

第14章　在其他星球的日子

案例

现在是2210年。自从200年前的经济危机以来，世界经济一直停滞不前，未能恢复。在经济困难的时期，环境与自然保护被搁置在一旁，因此地球上的生态变得混乱不堪，许多地方不再适合生物居住。人类可以居住的地区缩减到只有上个千年的十分之一，并且还在继续减少。住宅本身不是最严重的问题——由于海平面升高，多数人早就移居到了地势高的地方或者居住在水下世界。有严重困难的是为受到灭绝威胁的人们生产必要食品的地区：农用耕地已经所剩无几，海洋被过度捕捞，并且严重污染。

在勃朗峰的世界空间移民中心（WASPS）里，一群研究人员聚在一起讨论移民到其他星球的问题。科学家们对太阳系其他星球的研究已经非常成熟，大部分行星上也已经建立了居住区。在环境问题被忽视的时候，FTE[1]却蓬勃发展着。人类在其他星球上创建与地球相似的生存环境已经不成问题了。科学家们明白，从长远来看，定居点应该使其居民能够接触所定居的星球的自然环境。因此他们决定用玻璃建造定居点的顶棚，这样居民们至少能够接触自然的光线，看到天空，甚至在晚上能够看到星光。

今天的会议上，委员会也邀请了一位时间生物学家。这位女士之前给WASPS写了一封电子邮件，指出委员会在制订移民计划的时候忽视了一个问题：不同星球上一天的长度是不同的——人类的体内时钟对一天的长短非常敏感，内外不一致的时间会导致严重的问题，就像旧时代的倒班工作一样。这位忧心忡忡的女科学家是特罗姆索时间生物学研究中心的年轻女教授斯文雅·拉斯姆森。她接受委员会的邀请参会，并在会议上详细陈述她的想法及相关科学的理论基础。在她演讲期间，

1 研究、技术和发展。

委员会成员们都目不转睛地看着会议桌上的屏幕。她的演讲材料中有一个展示各个星球自转时间的表格。

	一天的长度（小时）
水星 Mercury	1392.94
金星 Venus	5771.25
地球 Earth	23.93
火星 Mars	24.62
木星 Jupiter	9.92
土星 Saturn	10.23
天王星 Uranus	17.73
海王星 Neptune	18.20
冥王星 Pluto	151.50

拉斯姆森教授指出，其他星球上一天的长度与地球完全不同，这会导致人类体内时钟与外界环境的同步出现问题。她建议，居民点的时间应该参照地球上人们的时间类型进行调整。方便一些的做法就是进行时间类型测验。确定时间类型之后，根据时间类型把人们送到相应的星球上去。然后她开始详细解释生理时钟的同步基础——她称之为同步原则。

有人打断了拉斯姆森教授的演讲：“如果一个家庭里的成员们彼此的时间类型不一样该怎么办呢？”“这不会是普

遍的现象。”她回答，“正如你知道的，200年以来，人们在寻找生活伴侣的时候更倾向于选择相同时间类型的人：因此产生了很多时间类型一致的家庭——类似于从前人们在选择伴侣时倾向于选择具有相同社会地位、国籍或者信仰的人。如果出现了时间类型不一致，那么就会产生严重的问题。”她补充道，“但是如今我们可以用灯光与太阳镜校准个人的时间。”短暂停顿之后，拉斯姆森教授笑着说，“另外，也许有些人会因为又找到一个离婚的理由而非常高兴[1]。”这句话引得听众一阵大笑。

多数人肯定会移居到火星上去，那里有最大的外太空居民点。“按照古老谚语的说法，他们会更健康更富有更聪慧。”拉斯姆森教授打趣道。但是这个笑话只有时间生物学家才能明白，因此这一次没人笑。她瞥了一眼观众们不理解的眼神，随后回到主题上来，即人们怎样处理极端的时间类型，例如犹他州的那一家人[2]。那些人可以移民到天王星和海

---

1 她的丈夫不久前有了外遇，她现在正在办理离婚手续。

2 参看《健身中心的黎明》。

王星上，甚至到木星或者土星上。

几年之后，WASPS决定将所有人都转移到火星定居点，同时也放弃了其他星球的移民计划。在发布移民广告的时候，WASPS还用了拉斯姆森教授在勃朗峰会议上说过的笑话：

搬到星星上去吧！

认识火星，

看着地球母亲，

变得聪慧、健康、富有[1]。

理论

对于那些忍受不了形式主义或者理解科学图表有困难的读者来说，这一章也许是24章里最读不下去的章节了。但是请诸位耐心地读下去，不要着急——我保证浅显易懂地给诸位讲解，不需要各位太费劲地阅读[2]。如果你想真正理解地

1　大部分地球人到了火星之后都变成早起的人了，按照传统的“早起就是好”的观点，地球人到火星非常合适。

2　我把这一章重写了好几次，每一次都把文稿给不喜欢数学的人看。

球上的生命的体内时钟是怎样与地球24小时保持同步的，以及同步规律是什么，那么花费一点努力也是值得的。你会马上理解为什么不同人的体内时钟会催生不同的时间类型，为什么时间类型与工作地点——例如办公室或田间——密切相关，为什么斯文雅·拉斯姆森要把犹他州的那一家人送到天王星或者海王星上去。

也许你会问，为什么我为了解释地球上时间同步的问题，而虚构了一个关于生活在其他星球上的故事。答案很简单：想更好地理解日常生活，就得与日常生活拉开一定的距离。如果我早几年动笔写这本书，就会写一个人类因为原子弹灾难而不得不移居到其他星球的故事。

很少有人知道，在漫长的历史中地球的自转速度变得越来越慢——这是一个持续的渐变过程。由于这个原因，地球上的一天在很久之后会变成25小时。显然到那时，人的生物钟必须适应变长的一天。但是这种长期的适应与突然把人类送到其他星球上的适应是完全不同的，到其他星球上去就得在几个月或者几年内完全适应全新长度的一天。人类在进化过程中产生了不同的体内时钟甚至新的基因，但是体内时钟却必须通过一系列条件——“周期确定原则”——进行调整，最终与其他星球上的一天的长度达成同步。

确定周期只有在体内时钟“一天”的时间与外界环境一天的周期长度相似的时候才算完成。正如你已经知道的，由于基因的原因，不同的人有不同的体内时钟，有的比地球自转周期长，有的比自转周期短（就像生活在其他星球上一样）。“周期确定的原则”必须达到以下几种效果：

1. 如果体内时钟的“一天”周期比24小时短，且想与地球自转达成同步，它就必须变长；

2. 如果体内时钟的“一天”正好等于24小时，那么在火星生活的时候，它也必须变长；

3. 如果体内时钟的周期长于24小时，且想与地球自转同步，就必须变短，多数人都是这种情况；

4. 如果体内时钟周期短于24小时，且想与海王星一天的长度达成同步，那也必须继续变短。

体内时钟适应其他星球自转的想法不是异想天开。克劳德·科隆菲尔[1]在实验室里模拟了明暗变化周期长于24小时的情况，目的是想验证人类的体内时钟是否能够适应诸如火星那样的行星环境。在实验室里，即使明暗变化的强度并不十分大，人们也很容易就适应了24小时的一天。随后科隆菲尔发现，他能够通过提高明暗变化的强度来使被试的体内时钟与火星上一天的长度达成同步[2]。

但是在我解释体内时钟怎样适应其他星球一天的长度之前。我想提一个简单的问题：体内时钟怎样与一个外界时间信号同步[3]？从技术角度看，周围环境中能产生节律的一切事物都是一种摆来摆去的秋千或者钟摆（振荡器[4]），它们怎样适应其他节律（例如最重要的外界时间信号——明暗变化）

---

1 这个实验是他与查理斯·切斯勒一同在哈佛工作的时候进行的。

2 在《永远的曙光》这一章节我们对体内时钟与光线强度的关系会有更多的了解。

3 外界时间信号是所有体内时钟能够同步的环境信号——最重要的外界时间信号是明暗变化。

4 参看《数羊》一章中关于振荡器的脚注。

呢？为了让体内时钟达成同步，外界时间信号必须有规律地干扰秋千的运动。

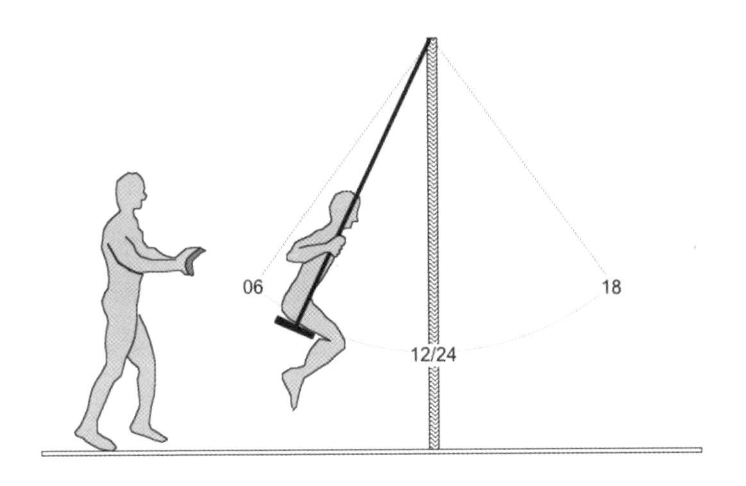

如图所示，秋千代表体内时钟，推秋千的人是拟人化的计时器。6点钟，秋千从左向右摆动，将近中午的时候达到最低点，在18点达到另一个最高点，然后向回摆动，在午夜达到最低点。秋千每天都是这样从左向右然后从右向左摆动。秋千的反应取决于计时器作用在它身上的时间。如果计时器的作用方向与秋千运动方向相同，那么秋千就会加速；如果

两个方向相反，秋千就会减速甚至停止。

如果体内时钟能够思考和说话，那么它可能会与身体其他器官进行这样的对话[1]：

如果体内时钟认为现在是午夜，但是突然看见了灯光，它可能会说："哎呀，天亮了——我竟然不知道已经这么晚了。我得快点动起来！"如果它以为太阳已经落山了，却看到了灯光，它也许就会大喊："原来天还这么亮，我还想收工了呢！我得放慢速度才不至于弄错！"如果体内时钟在它认为是中午的时候从眼睛那里收到了明亮的信号，它可能会不耐烦地说："我知道现在是白天！拜托，如果有我不知道的事情再来烦我！"

体内时钟如此准确地对光线做出反应，真是令人惊讶。做实验的学者把实验动物（或者其他生物体）放在持续黑暗（或昏暗）的环境中，然后给它们一个灯光刺激。结果都是

---

1 生理系统是一段路径，路程开头有感光器，中间有产生体内时钟的机制；然后路径分成多个部分，每一部分的终产物都会使睡眠/苏醒行为、荷尔蒙、体温或者基因获得节律命令。

这些生物的体内时钟无一例外地因为光刺激而改变了“一天”的周期。根据实验结果，我们做出了“反应变量”图（见下图）。反应变量图表显示了体内时钟对光线的敏感程度及其变化趋势。如果光线刺激发生在体内时钟“一天”的开头，那么体内“一天”的周期就会变短；如果光线刺激发生在体内“一天”的末尾，那么体内“一天”的周期就会变长；如果光线刺激发生在中午，那么就不会对“一天”的周期产生影响。

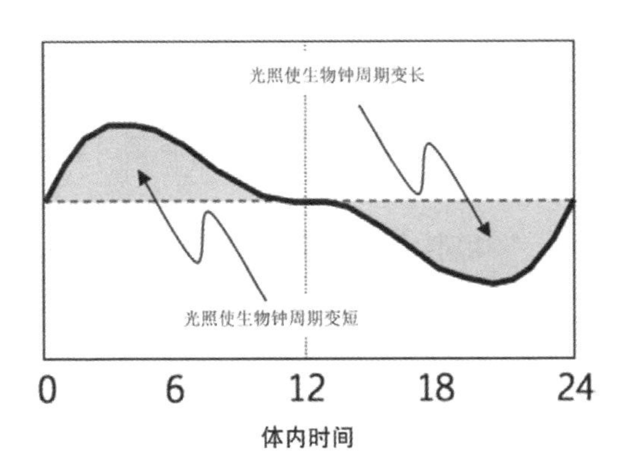

正是这种反应使生物钟能够适应环境的周期变化。为了纠正体内“一天”时间过长或者过短的错误，身体时钟根据

光线将“一天”之中的某些部分延长，在黑暗的时候将一部分“隐藏”起来。我们就运用“隐藏规则”来解释案例中的未解之谜。不同的时间类型与“一天”周期的长短之间有什么隐藏的联系？这就是斯文雅·拉斯姆森最关注的问题。在与外界时间隔绝的环境下，较早时间类型的“一天”周期比较晚类型的“一天”周期短[1]。身体自己产生的周期是我们有不同时间类型的原因之一[2]。如果体内的“一天”周期短于24小时，就必须延长；如果长于24小时，就必须缩短。需要解释得简单一点？那么我们就从最简单的校准案例入手：体内时钟“一天”的周期在与外界时间隔绝的环境中的周期也是“一天”24小时。

如果这个体内时钟的周期与地球上24小时的明暗变化一

1 在《精力充沛的仓鼠》和《健身中心的黎明》两个章节中详细阐述了二者之间的关系。体内自由运行的节律出现在《失去的日子》一章。在持续不变的、与外界隔绝的环境中，就像地下室里的被试，其生物钟就完全表现出自己的周期。

2 在《健身中心的黎明》一章节中还提及了不同时间类型产生的其他原因。

致，那么它不需要发生改变。在冬季里白昼时间较短的时候，它就把对光线敏感的部分“隐藏起来”[1]。在白昼较长的日子里，反应变量中对光敏感的部分“看见”了光线。这种情况下，只有当被延长和被缩短的部分都得到足够的光线从而彼此抵消（见下图）时，体外和体内的时间才能达到一致（两个时间标度分别位于图表的上方和下方）。

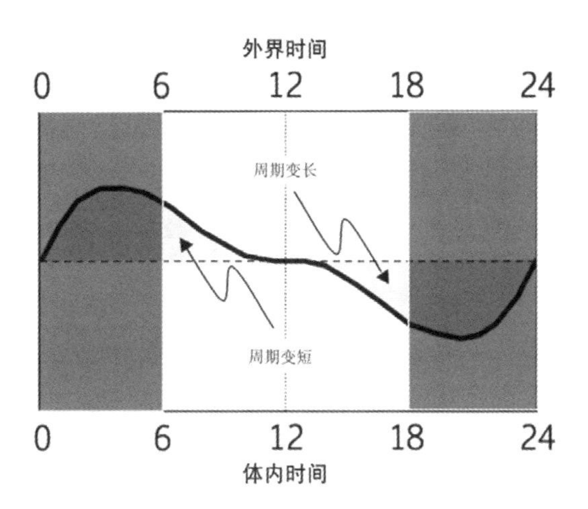

1　在《当黑夜变成白天》一章出现的假说：有些盲人不需要看见光线就可以适应24小时的一天，可能是因为他们体内的生物钟本来就是一天24小时。

现在你已经成为体内时钟的专家，你已经知道多数人体内的时间周期比24小时长，因此在校正时必须缩短周期。为此体内时钟将可以变短的部分接受光线，把可以变长的部分“隐藏”在黑暗中。体内“一天”周期由此变得比外界时间还短（下图中的白色箭头指向右边）。

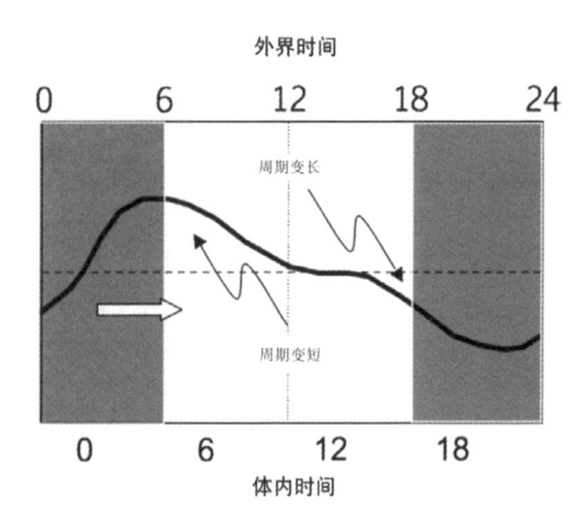

结果是体内时钟的“一天”周期变短，缩短至“一天”24小时。在适应较短明暗变化周期之后，原来体内时钟“一天”的周期越长，变化后的时间类型越晚。也就是说，

如果一个人体内时钟的“一天”周期很长，那么他体内时间的“中午”比外界时间的中午晚。

“一天”周期短于24小时的体内时钟则正好相反，如果要适应外界明暗变化则需要延长（下图的白色箭头指向左边）。体内时钟使反应变量之中可以延长的部分更多地接受光线，可以缩短的地方更多地隐藏在黑暗中。如果一个人体内时钟的“一天”周期很短，那么在适应外界时间之后，体内时间的“中午”就早于外界时间的中午，也就是较早时间类型。

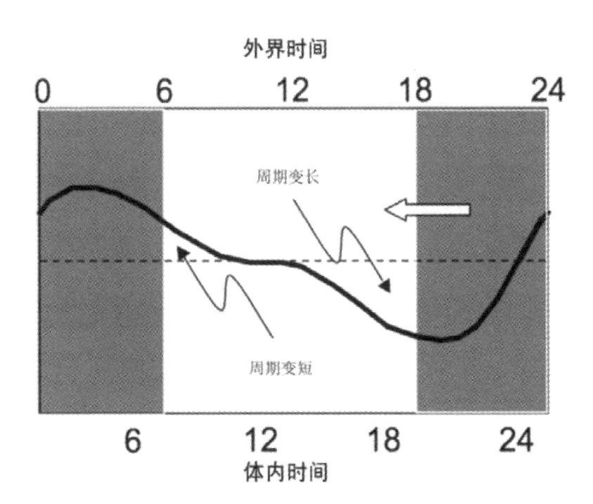

以上两种理论中的例子涉及的都是体内时钟并非24小时的情况下，生物钟怎样校正的情况，并且拥有那两种体内时钟的人们都生活在我们的地球上。因为在校正的时候只涉及体内时钟的“一天”需要延长还是缩短，所以对于理解其他星球生物钟校正来说，“这只是一小步”[1]。如果WASPS把一个人送到一个自转速度比地球快的星球上，那么这个人体内时钟的“一天”周期必须缩短，他就像那个星球上的较晚时间类型。如果WASPS把这个人送到自转速度比地球慢的星球上，那么他的体内时钟的“一天”周期必须延长，他就是那个星球上较早的时间类型。造成不同时间类型的原因，不仅有体内时钟的周期原因，还有外界的“一天”周期的原因。火星上的一天比地球上的一天长，因此在火星上我们所有人都会变成较早时间类型。所以斯文雅·拉斯姆森的笑话和WASPS的广告语都是这样的：在火星上，所有的居民都更聪慧、健康、富有。

---

1 请各位包涵我在这里使用的文字游戏。因为阿姆斯特朗的这句名言是在地球的卫星上说的，并不是在其他行星上。

但是我们的体内时钟能够适应所有的星球吗？当然不是！如果某个星球一天的时间是地球一天时间的60倍（例如水星），那么我们的活动时间与睡眠时间无论如何也无法适应40天不睡，然后睡20天的日子。我们适应其他星球时间的限度是多少？时间校正的“隐藏定律”使答案变得很简单：把反应变量之中所有可以缩短的部分暴露在光线下（同时，将所有可以延长的部分隐藏在黑暗中），体内时间系统就达到了可以缩短的最大值（见下面左边的示意图）。

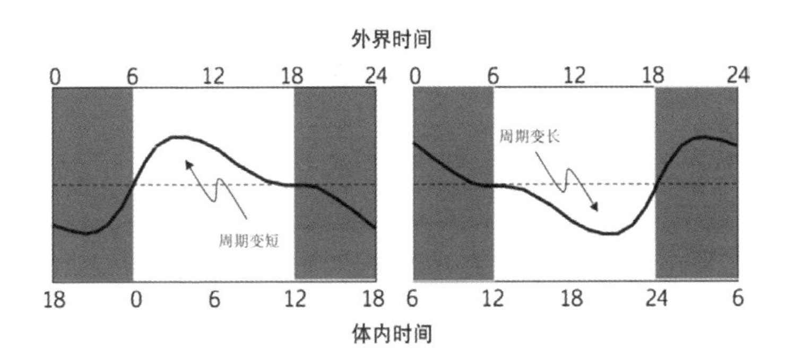

如果所有可以延长的部分都暴露在光线之下（同时所有可以缩短的部分都隐藏在黑暗之中），体内时间系统就达到

了可以延长的最大值（见上面右边的示意图）。假设体内时钟可以最多缩短或延长2小时，其本身的“一天”周期为24小时，比22小时长，也比26小时短[1]。当然，最多可以缩短或延长的时间范围取决于计时器的强度：白天光线越强，夜晚越黑暗，“同步范围”就越大。请回忆哈佛的科学家克劳德·科隆菲尔进行的实验，被试在实验室里经历的时间是火星上的光线更亮的一天。

根据校正原则，我们认为犹他州那一家人是极端早的类型[2]。因此他们可能是适合到天王星和海王星上（两个星球上一天周期分别为17.73小时和18.2小时）生活的唯一一群人。虽然他们在地球上是极端早的类型，但在天王星和海王星上，他们是较晚类型，相当于地球上的青少年。但是本章节案例不过是关于时间生物学里的幻想，因为即使体内时间“一天”的周期远远短于24小时，那也不可能只有18小时。另外，基因突变也可能迅速地改变体内时间的

1 时间生物学家将两个极端值之间的区域称为体内时钟的“同步范围”。

2 这可以通过他们的行为节律以及对他们细胞组织的研究来证明。

周期。

到目前为止，我已经解答了本章开头提出的与生物钟校正相关的大部分问题，唯一剩下的一点就是：为什么斯文雅·拉斯姆森在演讲最后提出建议说，人们可以把诸如犹他州极端早类型的一家人送到木星和土星上去（在那两个星球上一天周期分别只有9.92小时和10.23小时）？即使是如此极端的早类型也不能适应9～10小时的一天，那样的话他们必须保持6小时的清醒，然后睡3小时。这就像施坦军士经历的实验一样——我们已经知道，那个实验没有成功。有趣的是类似实验中的情况不会发生，因为体内时钟可以通过一种被时间生物学家称为“频率递减”的机制适应极端短的周期。你可以在日常生活中了解这种机制。在剧院跟随音乐鼓掌的观众，可以每隔两个节拍才鼓掌一次。如果你走上台阶的时候带着一根棍子或者一把雨伞，你可以每走过两层台阶才用棍子或雨伞敲一下台阶。在木星或者土星上，人们的体内时钟可以把两天当作一天来度过，可以把第二个黑夜当作在中午出现的阴雨天气。我推测，犹他州的一家人在木星或者土星上会过着地中海式的生活：在第一个（简短的）黑夜他们会小睡一会儿，在第二个黑夜睡觉的时间长一些。但是只有极端的“云雀型”人可以在木星或者土星上过这样的生活；“正常”的生物钟不会适应把两天当作以18～20小时为“一天”周期的日子。

第15章　器官在旅行

案例

晚上7点钟，胖乎乎的中年外科医生奥斯卡把一杯柠檬杜松子酒和一杯纯奎宁水递到坐在相邻位置的男人手上。“我不知道你想喝多少度的杜松子酒，所以我还带来了一杯奎宁水。”他说道，“我叫奥斯卡。”“谢谢，奥斯卡。我叫杰瑞。”奥斯卡在一张舒服的皮沙发上坐下，举起酒杯，从颜色来看像是血腥玛丽酒。“干杯！”喝了一口酒之后，他把玻璃杯放在面前漂亮的茶几上。在拿酒的时候，他顺便带来了一碟花生。此时他从小盘子里拿起一粒花生。“你与妻子联系上了吗？”他问道。“她不来了——我们吵了一架，我对她说：你自己去参加聚会吧。”杰瑞回答。他比奥斯卡更年轻、更健康，但现在看起来，他很沮丧、很气愤。奥斯卡很理解。“从电话里听出来你有些为难了，”奥斯卡说，“真遗憾。”沉默了一会儿，他补充道：“我还没离婚的时候，在这样的吵架中我也总是受害者。她根本不知道我们在工作的时候有多难。”杰瑞慢慢地点头。他看起来就像马上要睡着了似的，眼神开始飘忽。脑袋的运动把他带回到了现实世界。“对不起，你刚才说什么？”奥斯卡重复了一遍刚才说过的话，“我们的妻子们根本不理解我们工作的辛苦。”这一次，杰瑞点点头明确地表示了同意。“你是做什么工作的？”他问道，“还是说你已经退休了？”“不，还没有，”奥斯卡回答，“我是外科医生，器官移植专家。”年轻人突然毫无征兆地大笑起来，相邻桌子的客人纷纷转头看他。奥斯卡也惊讶地看着他：“哪里好笑了？”“啊，抱歉，”杰瑞喃喃道，忍着笑努力说道，“因为我也是一个器官移植专家。”“太好了，我们是同行！你在哪里工作？让我猜一猜，辛辛那提？那里建了一个器官移植中心。我听说那里有几个同行也在城里。我们一定在某一次会议上见过面的。真抱歉我记人脸的能力很差——对我来说名字更重要。你的名字是？”杰瑞的笑声又变大了。“我觉得我们几乎不可能见过面——我的器官比你的大。”奥斯卡觉得他一定是杜松子酒喝多了。他感到谈话向着自己不喜欢的方向发展了，他很讨厌这样不明就里的玩笑。杰瑞看到了奥斯卡不太高兴的表情，于是止住了笑：“抱歉，我不是那个意思。我不是医生，虽然我的‘病人’也像你的病人一样依赖我的专业知识。我为企业经营权转移提供咨询，为企业监事会和商业机构之间的交流搭线，就像器官移植一样。”奥斯卡的怒气消失了，他也笑了起来，并举起了酒杯：“为我们生活中的不同器官干杯。”他愉快地说道，把酒一饮而尽。

现在杰瑞才知道刚才他说的话有两层意思，而第二层意思太不文雅了。因此他想换一个话题：“我再给你点一杯血腥玛丽怎么样？”“不，谢谢。这只是西红柿汁。到这个时候了，如果我喝了酒，就会马上睡着，而且我的肝会疼。”两个男人沉默了几分钟，然后奥斯卡开始了另外一个话题，“你在这里住了多久？”“我两天前来的，直接去了我的客户那里，一个被另外一家公司收购的公司。我和‘病人’谈了快24小时。幸运的是几个监事会成员昨天到了，我这才补了个觉。过去几天里我一共睡了不超过4小时。以前我不可能坚持得下来。”现在，轮到奥斯卡表现出人意料的反应了。他一个劲儿地摇头，哧哧地笑：“我俩这两天的生活规律真是惊人地相似。我也是两天前过来的。昨天早晨有一个很复杂的移植手术，但是捐赠者的肝脏12小时之后才送来。所以我一直在准备，一直在等电话，然后就是长时间的复杂手术。我也是几乎没睡觉。”

杰瑞瞥了一眼手中空空的杯子，杜松子酒的效力慢慢地涌上了脑袋。他想扶着桌子站起来，却没扶住桌角而跌倒在地。幸亏地上铺着厚厚的地毯他才没把杯子打碎。他把两片柠檬片和剩下的冰块捡起来放回玻璃杯里，摆到桌子上。他抽回手的时候，撞到了一盘花生。杰瑞的好心情一下子就消失了，他沮丧地看着眼前的事物：“可能，她心情那么差，是因为我的电话把她从床上拉起来。我应该多花一些时间在家，这样也许会缓和我们的关系。”

杰瑞拿起手机，开始拨号。重要的号码他从来不存，因为他相信如果人们总是使用快拨键，大脑的记忆力就会慢慢退化。但是他经常拨错电话，以至于不得不查电话本。电话终于接通了，却没有人接。他的声音越来越低沉。“我们的生活方式不适合家庭生活——这真是个悲剧。”奥斯卡说——他试着表现出理解和同情。他感觉必须让杰瑞高兴起来，“我一直努力变得乐观一些。比如今天早上我只睡了一会儿，但这是几个星期以来我唯一没被哮喘病弄醒的一天。今天下午我的哮喘病就犯了。”

杰瑞感觉到，杜松子酒加奎宁是个好主意。他之前一直感觉没胃口，现在终于想吃点东西了——首先需要一杯咖啡。“我看见那边有牛角面包。我去拿一杯咖啡。”他说，“我去看看还有什么。你呢？要我给你带点什么吗？”“我好像已经12小时没吃东西了。好主意，我们去吃早饭，然后回家吧。”奥斯卡大声说道。

理论

也许在阅读案例的时候你会有这样一种感觉：有些故事能够调动阅读的积极性，读者也能够更好地理解章节内容；有些案例则包含一个未解谜题。在包含未解谜题的案例中，你会得到可以发现答案的几乎全部信息——几乎都是可以猜到答案的信息。如果你在阅读了背景知识之后再次阅读了某几个案例，就一定会发现我在叙述中埋下的小暗示——如果你当时还没有找到答案的话。正如引言中已经指出的，读者们最好在阅读案例之后思考一下刚才的内容，如果案例包含一个未解谜题，就尝试寻找答案，这样的阅读方法是值得推荐的。上文的案例显然是包含未解谜题的案例。两位男士无聊的对话与体内时钟有什么关系？看似无关紧要的信息有什么意义？为什么要思考这个故事的意义？

案例故事开始于一个时间点：晚上7点钟，结束于奥斯卡大声说“我们吃早餐吧”，这个明显的矛盾点会引出问题的答案。你必须找到能使这个明显的矛盾点得到合理解释的情境。在《不同的世界》这一章节你已经阅读了有关时间类型的知识，因此应该知道，在人群中有极端的“云雀型”，也有极端的“猫头鹰型”，两种类型的作息时间可能相差12小时。这是否导致某种类型的人吃早饭的时间比其他类型的人晚（或者早）12小时？其实不是这样，因为无论是极端的“云雀型”还是极端的“猫头鹰型”平均只比普通人早或者晚6小时。因此时间类型肯定不是两位男士与当地时间作息相差这么多的原因[1]。

通过《在其他星球的日子》这一章节，可能有人会猜想，两位男士是在另外一个星球交谈，也许在一天有18个小时的海王星上。在那么短的一天里，两个人也许都是较晚时间类型，他们对早餐的胃口就可以理解了。但是该章节中WASPS没有把人类送到海王星上，因此这个情况是不可能的。你也许会推测，两位男士在火星上，因为他们在这个案例中吃早饭的时间太早了。另外一种可能性是，两位男士刚刚结束了长时间与世隔绝的工作，因此他们的体内时间与当

1　在此处提醒：奥斯卡显然是“云雀型”，杰瑞是“猫头鹰型”。我们在《回归本性》这一章节里会再次回顾这个问题。

地时间分离了[1]。但是这种情况对于一位成功的外科医生和一位并购经理人来说是不太可能的。

显然，两位男士的体内时间与当地时间完全不符。在现代社会里最简单的解释是，他们刚刚经历了跨越半个地球的旅程，因此他们的体内时间还没来得及与当地时间协调一致。两个人都提到了，他们到这里才几天。然而他们究竟是谁，生活在哪个时区？从对话里我们可以推测他们在美国。所以我们的问题就是：哪个国家距离美国12个时区？

奥斯卡与杰瑞坐在东京成田机场的商务客舱候机厅里，他们接到通知，前往波士顿的航班无限期推迟。陌生人很少能找到开始聊天的机缘，但是有相同目的的旅客们有很多共同点，他们很容易就能开始聊天。他们偶然听见了对方打电话通知电话线另一头的人航班延迟的消息。杰瑞在电话里与妻子吵了一架——被奥斯卡无意中听到了。显然由于航班延迟的原因，杰瑞无法按时回去参加聚会了。这应该不是杰瑞第一次因为旅行而错过社交活动了，因此他的妻子才特别生

1 请回忆《失去的日子》一章中的被试。

气。她没有顾忌丈夫正在承受时差综合征的痛苦——他们差了12个时区[1]。

在现代社会，数百万人在一生中会因为远程旅行——例如去别的国家拜访朋友——而遭受时差综合征的折磨。因为职业的原因不断地来往于世界各地的人们，就会经常有上文案例中那种不幸的经历。但是时差综合征的症状仅仅是"感觉不舒服"吗？最明显的症状是疲劳。疲劳状态不仅仅在时差综合征中才有。如果有人从赫尔辛基到开普敦，他也会感到非常疲惫，尽管他没有离开同一个时区，但是旅程很长，而且要经历从冬季到夏季、从春季到秋季（赫尔辛基和开普敦虽然在同一时区，经度相差不多，但纬度差别很大，《四季通用的时钟》这一章会详细论述这一点）。但在一个时区内旅行与跨越多个时区旅行有一个重要的区别：从赫尔辛基到开普敦的旅行，晚上入睡不会有困难，因此可以迅速地从旅途的疲惫中恢复。

跨越多个时区的旅行不一定会引起时差综合征。在不

1　这就是为什么杰瑞把妻子从睡梦中吵醒的原因。

能乘坐飞机跨越大西洋的时代，人们只能坐船，人不会有时差综合征。引起时差综合征的主要原因是速度过快，我们过于迅速地从一个时区飞到了另外一个时区，从太阳升起的地方飞到了太阳落下的地方，从一个社会时间飞到另外一个社会时间。我们的体内时钟只能从日出到日落逐渐地推进，所以坐船的时候不会影响推进的过程。从欧洲坐船到美洲的过程，就像在火星上生活：每天日落和日出的时间都比前一天晚一些，因此每天的时间都长于24小时。但如果我们（在晚上）待在甲板上，迎接黎明[1]，基于身体时钟的特征，我们就能适应逐渐变长的一天了。如果我们乘坐的船是从美洲到欧洲的，航行方向与地球自转方向相反，那么我们就生活在一天时间短于24小时的星球。如果轮船的航行速度不是特别快，那么这个旅行就还在体内时钟能够接受的范围内。在到达目的地的时候，我们的体内时钟与外界时间也达到了同步。根据校准原则，我们在向西旅行的时候，时间类型会变

1 请回忆《在其他星球的日子》一章中克劳德·科隆菲尔进行的实验。

早；向东旅行时，时间类型会变晚。

如果有人在一天之内跨越了半个地球，那么体内时钟就跟不上旅行的脚步了。从波士顿到东京的最短航程是15小时25分钟。如果奥斯卡和杰瑞8点钟从波士顿罗根机场起飞，到达东京的时间就是21点，然而成田机场的当地时间是12点半（其实是到了第二天，因为他们跨越了时间分界线）。他们的体内时间却是2点半——几乎有半天的差别[1]。

时差综合征的另外一个症状就是尽管非常疲惫，但晚上还是会失眠[2]。在上面的例子中，两位主人公身上就出现了这种症状。体内时钟指示应该睡觉了，但我们却不得不活动起来；或者在需要好好地补觉的时候，我们的体内时钟却响起起床的铃声[3]。根据概测法，体内时钟每经过一个时区都需要

1　哮喘病人通常在凌晨4点的时候发病。因此奥斯卡从时差综合征中也得到了好处——许多日子以来他第一次在夜里睡觉时没有发病。

2　请回忆《数羊》一章中的西蒙·斯坦中士，他的体内时间系统不允许他睡觉。

3　就像体内时钟与外界时间相反时的哈瑞特（参看《当黑夜变成白天》）。

大约一天的时间来适应新的明暗变化；从波士顿飞到日本的人们则需要12天的时间来恢复正常状态。睡眠不足加剧了旅途的疲惫。因为这种状态会持续几天，因此长途旅行者在到达目的地之后短时间内也不能恢复过来。

度假的人经常得到这样的建议：到达目的地之后尽可能地按照当地的时间作息，这样才能尽快地摆脱时差综合征。这就是说，他们应该活动起来，并且只要有太阳就在户外停留。天色暗下来之后再回去休息（即使在到达的第一天晚上睡不着，也需要休息）。这也意味着，下午（大约相当于家乡时的晚上）不要长时间午睡。能够在当地时间的夜晚睡着，对于克服时差综合征非常重要。对新计时器的控制力越强，适应当地时差就越快。

每经过一个时区需要一天时间来调整的概测法只是一个大约的估计。多数人在向西旅行的时候都能相对容易地调整时差，即将他们的身体时钟一天的周期变长。因为大多数人体内一天的周期都比24小时长，因此这种现象是不难理解的。但是如果是向东旅行就困难多了；对于较晚时间类型的人来说尤其困难，因为他们体内一天的时间比较早时间类型的人长。但对极端早类型的人来说，从西向东旅行的时候，时差调整得更快更容易。

时差综合征还有一个症状：注意力减退，协调能力变差，认知能力降低[1]。如果一个人非常疲惫又缺乏睡眠，那么这些症状就可以理解了。但是这些症状并非仅仅由疲惫引起，而是与体内时间的错位有关，睡眠不足会使症状加剧[2]。与睡眠/苏醒的转换、体温和激素一样，认知状态（例如保持清醒、保持注意力集中）和其他能力（活动协调能力、进行简单的数学运算或者记忆）也受体内时钟的控制[3]。你已经读过了恐怖的40小时实验，被试几乎24小时没有睡觉，并进行

1　因为杰瑞的打盹，奥斯卡不得不重复了一遍已经说过的话，而且杰瑞拨自家电话都有点困难。

2　这一点很重要，会在《黑夜中的光》一章中重点阐述。

3　有意思的是，体育医生也在深入研究时差综合征的后果以及解决方法。因为成功的运动员经常要在世界各地参加比赛，必须迅速适应不同举办地点的时间。因为体育比赛结果经常只有几毫秒之差，因此解决时差综合征非常重要。

了很多种活动[1]。在这一类实验中可以看到，虽然被试验者能够保持很长时间的清醒状态，但是许多能力都会在体内时钟的“半夜”达到最低点[2]，然后再次升高。

除了睡眠不足以及无法从疲惫中恢复过来，时差综合征的症状经常还包括情绪的突然波动甚至抑郁[3]。

另外，时差综合征也影响着我们的胃口和消化能力。二者都受体内时间系统控制，所以我们在患时差综合征的时候，经常会在本来应该睡觉的时候感到饥饿；在当地人吃饭的时间，却没有胃口。如果我们不得不在没有胃口的时候吃饭，我们的胃就会因为缺乏消化液而消化不良。然后，在应该睡觉的时候我们的胃却分泌了消化液，因为睡前不能吃东西，因此消化液只能腐蚀胃壁，这就会导致胃溃疡。就这一点来说，倒时差的人们还是应该在午夜吃点东西，逐渐过渡。

---

1 “持续不变”实验出现在《青春的尽头》一章。

2 在较晚类型的人失去认知能力之前，较早类型的人达到了效率的最高点。

3 就像杰瑞在歇斯底里大笑之后突然陷入情绪的低谷。

在时差综合征病发的时候，我们的大脑和消化功能是最遭罪的部分。弗吉尼亚大学的科学家们用老鼠做了实验，他们模拟了时差综合征的环境[1]，发现大脑的主要时钟SCN（视交叉上核）适应明暗变化的速度明显快于跑轮子的行为节律和外缘组织（肌肉、肺或肝脏）的节律。弗吉尼亚大学的科学家也做了类似的实验，他们研究了喂食时间对动物的影响[2]。最开

1　为了能够记录实验动物的生理节律，笼子里都有一个轮子，电脑将轮子的转动情况记录下来（参看《当黑夜变成白天》和《精力充沛的仓鼠》）。笼子放置在一个大箱子里，每个笼子内的温度和空气流通都是人为控制的，且与其他笼子彼此分隔。每个笼子都有自己的电脑控制器，控制灯光明暗变化，可以模拟从波士顿到东京的飞机上的情况。由此可以研究时差对行为、器官或身体组织的影响。在时差研究中，科学家设置了6～9小时的明暗变化，研究不同身体组织适应环境的情况。他们使用所谓的“构造记录仪”来记录生理节律。这个仪器是时间生物学家发明的，他们利用了生物发光性，即器官通过生化反应发出光亮的能力（参看《时间生物学》一章）。海藻发光和萤火虫都是生物发光性的现象，都与一种生化发光的细菌有关。生物发光性由一种萤光素酶控制。斯蒂文·凯和安德鲁·米拉次改变了植物及果蝇的基因，使其荧光素基因由时钟基因控制。基因重组的结果就是器官甚至整个有机体在一天里有规律地发光。

2　通常情况下，人们把食物放在笼子里，实验室动物进食的时间由它们自己决定。在实验中，每天放食物的时间由实验室者决定。

始，人们在晚上给老鼠喂食，这与老鼠夜间活动的习性相符。一个星期之后，喂食时间推迟了几小时，明暗变化不变。实验结果显示，肝脏时钟与进食时间达成同步，视交叉上核仍然保持与明暗变化同步。在这种情况下，正常的生理节律发生了分离。

时差综合征的症状除了上文提及的之外，还有体内时钟不同部分的时间发生偏离，这就是为什么我们在患时差综合征的时候会感到不舒服。实验还指出：如果“器官在旅行”，那么它们适应当地时间的过程有长有短。在本章中我们学到了，多数时间类型的人们乘坐飞机从东向西旅行时适应当地时间更快一些，而少数晨间类型向东旅行时适应时间更快。想象一下，我们身体中不同的器官适应时差的能力不同，这是多么有趣的一种现象。奥斯卡和杰瑞从波士顿向西越过加利福尼亚飞往东京，有些器官还像在另外一个地方似的。他们感到不舒服是完全可以理解的，因为有些器官还没“到达目的”地呢。

第16章　睡眠剪刀

案例

高中毕业之后蒂莫西去拜访普林斯顿的好朋友本杰明，并在他新成立的小公司里工作。他们俩是在俄勒冈州尤金市郊区的同一条街上一起长大的伙伴，虽然本杰明比蒂莫西大三岁，与蒂莫西的哥哥同一个年级，但是他与蒂莫西一直是最好的朋友。在普林斯顿的工作对于蒂莫西来说是离家独立之后的第一个工作，对他来说像是天堂。蒂莫西非常喜欢普林斯顿市的大学和街边的咖啡馆。

本杰明刚刚开了一家打印店。除了普通的照片冲印业务之外还为顾客（多数是大学生）提供专业的修订文章或报告材料的服务。这个主意是本杰明看了一个印度宝莱坞电影之后想出来的。电影讲述了一个偏远小村庄里有一个“代写人”，他为不会读写的村民们写信。

看完电影后他与朋友们在酒馆里讨论这种“代写人”工作。当今社会，一些顾客需要处理文档或者个人主页方面的帮助，这使得一些类似“代写人”的职业在当今仍有存在的必要。

打印店布置得像一家咖啡馆，有很多台电脑，每台电脑上都安装了Skype软件，一旦打印店7点钟开门，年轻的员工就必须在线。从第一天早晨开始，客人就非常多，许多大学生熬夜写了论文或者报告，因为他们必须在第二天上午交作业。他们把文档交给打印店进行专业化处理，自己则开始喝拿铁咖啡，吃起面包。

蒂莫西很擅长处理打印文件，与同辈人相比，他一直是较早时间类型的人。在普林斯顿的6个月里，他迅速成长为打印店不可或缺的人手。虽然他热爱普林斯顿的生活，但是他仍然决定半年之后回家。艾米和蒂莫西一直是很要好的朋友，最近他们决定进一步拉近关系。本杰明极力挽留蒂莫西，但是没有成功。最后双方都做出了让步——双方约定蒂莫西回到俄勒冈之后，通过网络继续为打印店工作，并定期飞到普林斯顿来（本杰明出钱）。这样，蒂莫西就带着一份待遇很好的工作和一台高档电脑回到了家乡。从回家之后的第一天开始，蒂莫西在每个工作日（打印店在周末不营业）都坐在电脑前，通过Skype与顾客们交流，处理文档，然后把处理好的文件发给顾客。

打印店开业半年以来，生意十分红火。唯一让蒂莫西（当然还有艾米）感到不太舒服的是，蒂莫西必须凌晨3点起床，在4点左右还没有完全清醒的时候就得坐到电脑前——这样才能赶上普林斯顿打印店的开业时间。他必须集中精力工作6小时，中间得不到休息。这使得蒂莫西非常疲惫，尽管他一直是较早的时间类型，但是他还是睡眠不足，只能在周末的时候补觉，补觉的时候他必须待在完全黑暗的房间里。但是无论多么疲惫，他的睡眠时间总是无法超过8小时。蒂莫西与艾米的关系也开始受到影响。每天晚上他都得在21点左右去睡觉，即使他从来不能在22点以前睡着。蒂莫西将改变作息的希望寄托在去往普林斯顿出差上——他定期到普林斯顿参加会议，讨论改善文件输出的方法。即使在这段时间里他也需要从早上7点开始通过Skype为顾客们服务，但是这期间他至少能有足够的睡眠，因此与在俄勒冈相比，他更加清醒。这种情况持续了9个月，直到打印店决定在全国范围内开设分店。现在蒂莫西成了西海岸分店的经理。在自己的时区里有了分店之后，虽然他仍然通过网络为其他人提供业务咨询，但是因为工作时间没有那么紧迫了，因此他有了更多的精力处理咨询和管理分店两部分工作，也有了更多的时间陪艾米。

理论

显然这个案例并不是提出未解谜题的案例，而是将读者带入本章节的引入文章。虽然案例的细节是虚构的，我认为这样的故事是肯定存在于现实世界的。我曾经非常想开一家打印咖啡店，提供与案例故事里相似的服务。但是也许你会问：这个案例故事有什么现实意义吗？等你读完了背景解释这一部分也许就不会有这样的疑问了。

这本书的开头我讲述了很多关于生物钟的知识。在阅读本书的过程中，你已经读到了很多关于生物钟与社会时间、外界时间之间的冲突的案例。上一章节的主题是“时差综合征”，我们在其中讨论了如果我们过于迅速地从一个时区到达另外一个时区会发生什么。这一章我们研究的问题是：即使我们不坐飞机只待在一个地方，体内时间和外界时间仍可能产生矛盾。

睡眠持续时间不取决于入睡的时刻——我们在第1章和第2章已经讨论过这个问题了。较早与较晚时间类型之中都有长时和短时睡眠者，长时或短时睡眠者之中既有较早时间类型也有较晚时间类型。这一论断只适用于人们的平均睡眠需求，是工作日和休息日的中间值。如果把工作日与休息日分开研究，那么睡眠持续时间与入睡时刻的独立性就不适用了。下图显示了完全不同的睡眠持续时间以及睡眠时间与时间类型的关系。在工作日里，时间类型越晚（横轴表示时间类型，纵轴表示睡眠持续时间），睡眠持续时间（黑点）越短。我们观察到的这一现象可以这样解释：在工作日里，较晚时间类型的人睡得比较晚，但因为平均上班时间是一样的，因此多数人需要一个闹钟才能准时醒来去上班。因此时间类型越晚，睡眠持续时间就越少。

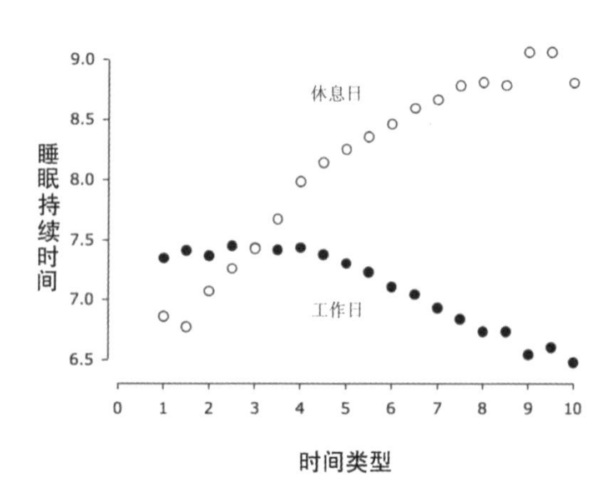

休息日的睡眠持续时间（空心点）反映了不同时间类型的人在工作日里积累了疲劳之后补觉的情况。较晚时间类型的人在工作日里共缺少大约6.5小时的睡眠，因此在休息日里的睡眠持续时间为9小时或以上。有些人必须在休息日里睡半天才能平衡缺乏的睡眠。我把上面这幅图称为“睡眠剪刀”。

与较晚时间类型不同，早起的“云雀们”在休息日的睡眠持续时间比较短。原因很简单。人群中的较晚时间类型占多数，工作日里这些人给较早时间类型很大的压力：别这么无趣，跟我们一起去酒吧/去看电影/去剧院吧。在体内时间与外界时间方面，较晚和较早时间类型的生活是对称相反的。对于夜猫子类型的人们来说，体内时钟告诉他们什么时候该睡觉，而清晨，是外界时间的闹钟把他们从睡梦中拽出来。与之相反，对于“云雀们”来说，外界的因素决定他们睡觉的时间，而体内时钟却在早晨将他们叫醒。较早时间类型的人们的睡觉时间不会对他们早晨自动醒来产生影响，他们在第二天早晨总是多多少少在同一时段醒来。

为了弄清楚人们在填写慕尼黑时间类型调查问卷的时候给出的数据的准确程度，我们不定期地会要求参与实验的人们写至少6个星期的睡眠日记。我们搜集了800多份睡眠日记，研究后确定，从调查问卷上搜集到的数据与日记上记录的被试真实生活的数据基本一致。睡眠日记不仅能验证调查问卷的可靠性，也能让我们了解不同的人在生活中的时间安排。如果我们根据时间类型把睡眠日记进行分类，就能清楚地看到睡眠行为在工作日和周末的运行模式。让我们来看3个具有典型性的睡眠日记[1]，它们表现了不同的时间类型和不同的社会压力。第一个例子是极端晚类型，这个人能自己决定工作时间。他的平均睡觉时间是凌晨3点至4点，在第二天11点至12点醒来。工作日和休息日的睡眠时刻及持续时间都没有太大的区别。睡眠开始和结束的时间呈现出散射状。这个

1 在工作日的睡眠时间用黑色方块表示，在休息日的睡眠时间用灰色方块表示。写日记的这几天的睡眠时间顺序用纵轴表示，顺序为从上到下。横轴为当地时间，从18点到第二天18点。

睡眠状态所受到的社会限制较少，这个人的睡眠时间总是遵循体内时钟的规律。

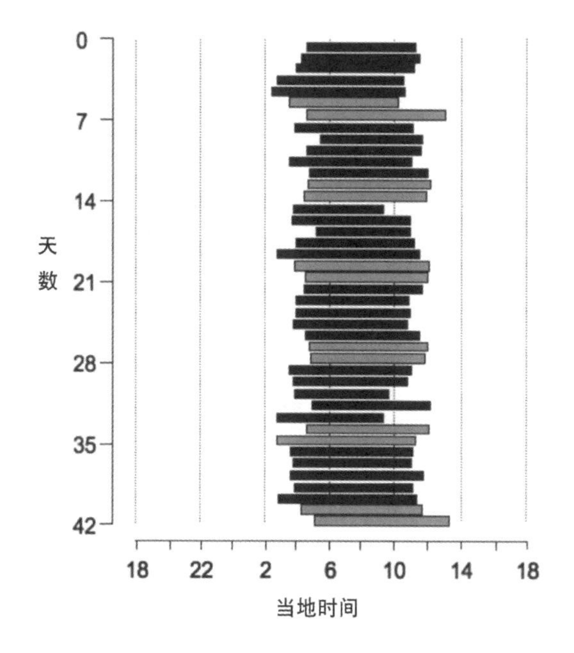

下一个例子是极端早类型。这个人在20点至22点上床睡觉，凌晨4点至5点醒来——醒来的时间早于上班族的起床时间。不同个体在睡眠苏醒方面的巨大差别总是吸引着我。这两个案例中的人，可能就是一家人，他们两个人的睡

觉时间从来没有重合过。正如上面极端晚类型一样，极端早类型的睡眠开始与结束的时间也呈现散射状。但是周末的模式却有所不同，正如从“睡眠剪刀”中了解的那样：极端早类型由于“猫头鹰”社会的压力在休息日的睡眠时间较短，正如在第一章中看到的，这种类型在我们的欧洲中心数据库里占多数。

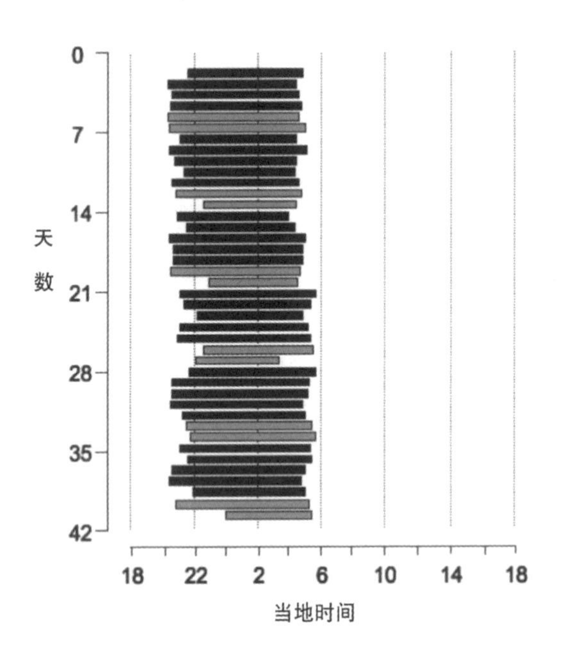

在钟形分布图中，以上两种极端类型分别位于钟形图的两端。极端晚类型能够自己决定工作时间，这种人可能还是属于少数，现行的工作时间对于超过60%的人来说都是过早了。因此，多数人的困难在于忍受现行的工作时间。正如睡眠剪刀图显示的那样，时间类型越晚，工作日与休息日的睡眠时间差距就越大。较晚时间类型在工作日和休息日的睡眠

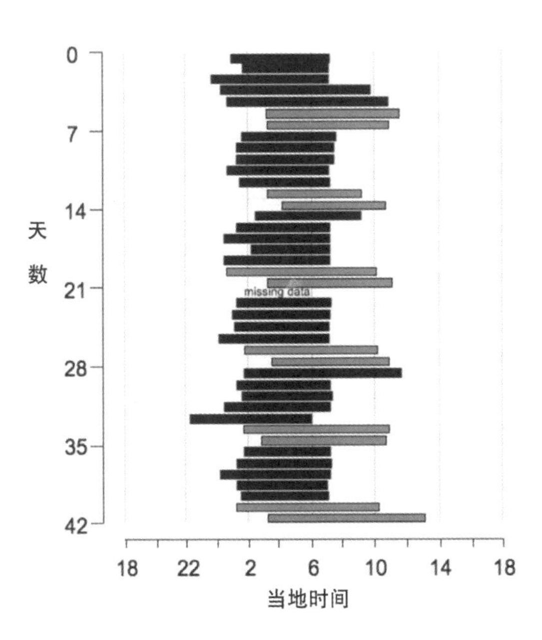

时刻也有差别。第三个例子中来回变化的模式比前两种模式更具普遍性。

工作日里睡眠开始的时间呈现散射状，这意味着他的入睡时间波动性很大，这是生物钟的典型特征。工作日睡眠结束的时间则正好相反（存在少数例外），呈现一条垂直的线。垂直的原因应该是一些外界原因把人叫醒了（除了闹钟以外，有时候人们还用另外一些东西把自己叫醒[1]）。只有不到一半的“云雀型”人在工作日使用闹钟，而对将近90%的“猫头鹰型”人来说，闹钟是必不可少的物品。在现代，帮助清醒的仪器还具有“小睡功能”，例如闹钟第一次响起后短暂安静，然后再次响起。通过记录被试使用这个功能的次数，我们可以研究苏醒过程与时间类型的关联。我们询问过很多人这样一个问题：他们在工作日的早晨起床之前会按下多少次小睡功能键。虽然许多较早时间类型的人们在闹

1 我认识一些人，他们必须设定好几个闹钟，才能醒过来。为了能加强闹钟的声音，他们还把闹钟放在金属桶里。在这种情况下，闹钟和桶都是帮助人醒来的工具。

钟响起来之前就醒了，但是他们始终抱着以防万一的想法而使用闹钟。

较晚时间类型的苏醒过程中最有特点的是睡眠时间的反复变换模式（在闹钟的帮助下，工作日醒得很早，在休息日却醒得很晚，如此循环）。这种来回的变化类似奥斯卡和杰瑞[1]坐飞机在不同时区之间的旅行。较晚时间类型的人们所写的睡眠日记，也是反映了这一特征，就像人们在每个周五从欧洲飞到美国东海岸，周一再飞回来一样。

经常有人问我这样一个问题：如果长期规定一个人按固定的作息时间生活，这是否能改变他们本身的生物钟类型？我知道，这个问题应该是较早时间类型的人提出来的，包含对较晚时间类型的轻视，并且提问的人也不了解上面第3个例子。

哈瑞特的故事[2]显示了社会信号不能作为外界时间信号，即闹钟无法改变生物钟的戒律，否则盲人就不会有体内时间

1　参看《器官在旅行》。

2　参看《当黑夜变成白天》。

跟不上社会时间的难题了。社会时间可以使体内时间与之达成同步，但是只适用于能看得见的人们。一个很好的例子就是海上钻井平台上的工人。他们工作时要在海上住几个星期，在此期间他们需要倒班工作，一旦开工就要工作一整天。只要倒班轮换不是特别快，他们的体内时间就能毫无困难地适应倒班的时间——但是这个过程中，体内时间是间接地适应倒班的社会时间的。最重要的外界时间信号仍然是明暗变化[1]。体内时钟能够得到校正，不断与外界时间保持同步的关键在于他们在工作的时候能见到灯光，睡眠时外界能保持黑暗。虽然钻井平台工人的体内时间在人为的明暗变化中可以与外界同步，但是较早和较晚的时间类型仍然存在，只是这里所说的较早与较晚是与人为的倒班安排做比较，而不是与地球自转产生的一天比较。体内时钟怎样（或早或晚地）适应社会时间信号，归根到底仍然是受相关刺激后产生的一种生物现象，与社会纪律无关。

---

1 关于倒班的问题，我们会在《黑夜中的光》一章中详细阐述。

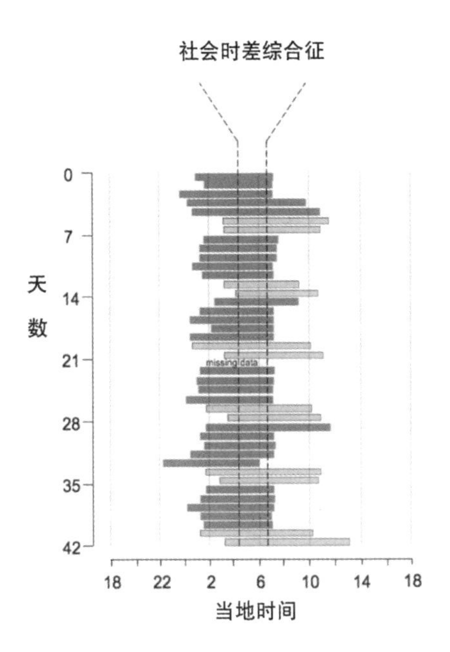

普通人的生物钟几乎都是通过自然的明暗变化与外界达到同步的。我们搜集到的睡眠日记中，许多睡眠时间波动的日记都是由工作时间固定的人所写的，他们在早晨的同一时间去上班。因为这种模式非常像从一个时区到另一个时区的旅行，因此我们称之为“社会时差综合征”。与真正的时差

综合征（例如杰瑞和奥斯卡[1]）不同，患“社会时差综合征”的那些人一直生活在一个地方，他们接受的明暗变化没有改变。真正的时差综合征是可以很快消失的，但是社会时差综合征则是慢性病。一个人患社会时差综合征的严重程度取决于工作日与休息日睡眠中点之间的差距（上图是第3个睡眠日记的例子）。中欧总人口中超过40%的人都有2小时以上的社会时差综合征。在这一群体中，15%的人的体内时间与社会时间之间的差距至少有3小时。为什么在其他工业社会地区完全不一样呢?

社会时差综合征，就好比是我们为一家公司工作，这个公司所在地位于美国东部，与我们生活的地方相差好几个时区。案例中的蒂莫西是较早时间类型。因此在早晨，他能精神抖擞地坐在电脑前工作。但是这只是他住在普林斯顿时的情况。一旦他回到俄勒冈州，同样的工作对他来说就很困难了。我想用这个故事表达这样的观点：即使是较早时间类型的人也可能疲于应对过分早起的生活。社会时差综合征的

1 参看《器官在旅行》。

主要问题是睡眠时间的缺乏，它可能造成健康和心情方面的问题。通过大量案例研究，我们总结了社会时差综合征的危害，其中一种危害是：社会时差综合征越严重，越有染上烟瘾的危险。吸烟会影响三类人：从不吸烟的人、以前吸烟的人和一直吸烟的人。由于生物钟的原因，人们在青少年时期时间类型会变晚[1]，社会时差综合征的症状也最严重——因为我们不得不早起去上学[2]。多数人正是从这一时期开始吸烟的（当然也有很多其他原因造成青少年吸烟，但是社会时差综合征加剧了烟瘾）。随后，吸烟者的生活压力没有那么大的时候，戒烟也会变得相对容易。如果体内时间和外界时间更一致，那么戒烟成功的概率就会达到最大。吸烟与社会时差综合征之间还有这样的比例：患社会时差综合征小于1小时的人群中有15%～20%是吸烟者；体内和外界时间之间相差5小时以上的人群中，吸烟者的比例超过了60%。

1　参看《青春的尽头》。

2　参看《完全是浪费时间》。

第17章　从社会主义者和资本主义者谈起

案例

欧拉夫・托墨特是“向东方”的总裁，他的公司是马格德堡著名的广告公司之一。萨克森-安哈特州（位于原德意志民主共和国地区）发起了一次公关广告宣传竞赛，希望以此将更多的企业吸引到本州来。在最近的这一个星期里，欧拉夫和他的团队一直在寻求适合参赛的创意，但是目前为止还没有令人满意的结果。

在夏季的一个清晨，欧拉夫从乡间小屋出发——这座老式的神父小屋是他在两德统一之后以相当实惠的价钱买下来的——他的宝马敞篷车在高速公路上向着马格德堡的方向驶去。他一直在想着广告竞赛的事情，并漫不经心地听着早间新闻。“根据昨天公布的德国人起床习惯的调查问卷，”收音机在播报这样一则新闻，“各个联邦州居民的起床习惯表现出很大的差异。德国人起床的平均时间为6点48分。汉堡、柏林和黑森的居民起床时间最晚，图林根和萨克森的人们起床时间最早。早起冠军是萨克森-安哈特州的居民，他们的起床时间比平均起床时间早9分钟。”——欧拉夫想：“他们是联邦中起床时间最早的，为什么？”

他前面的车流停住了。“真该死！”他大声咒骂着把车无声地向前开了一步，“早会要迟到了，没准比布里吉特那个懒蜗牛还晚——这个女人总是迟到。如果连我都迟到了，我可怎么压住她的嚣张气焰呢？”慢慢地，车流又开始移动了。“早起的人，也可以早睡。当这个城市的居民踏上人行道的时候，柏林的居民才开始想出门的事情。柏林人起得并不早，但是我们的首都仍然是一个优秀的、经济发达的地区。”堵车来得快，去得也快，15分钟之后欧拉夫把车停在了“向东方”的办公大楼前。

当他走进会议室的时候，所有人都已经等在那里了，布里吉特也到了，她冲着欧拉夫幸灾乐祸地一笑。欧拉夫宣布会议开始：“有没有人昨晚突然灵机一动想出来什么好点子呢？”让他扫兴的是，第一个举手的人是布里吉特。“有没有人从早间新闻里听到什么有趣的事情？”她问道，“是一项调查，结果是萨克森-安哈特州的人们的起床时间是全国最早的。”此时布里吉特引起了在场所有人的注意。

“这正是我们的机会！今天的早间新闻解决了我们所有的难题。这条新闻给我们提供了绝妙的广告创意。我的建议就是：萨克森-安哈特——我们起得更早！”创意、图片和活动方案一下子就如礼花一般绽放开来。“早起不仅仅是从床上坐起来——早起是一种心态！反映了我们这个联邦州悠久而璀璨的历史。早起是这个联邦州的精神，意味着追求卓越和一直向前。‘萨克森-安哈特是德国的清晨，含金的联邦州’！”

连欧拉夫也开始思考宣传条幅和电视广告词了。就是这样！最终他的公司凭借这条改变了萨克森-安哈特形象的广告词在这次竞赛中毫无悬念地获胜。这次会议中提出的决定性的创意让欧拉夫感到非常满意、非常骄傲。说来奇怪，从那次会议之后，他看布里吉特也顺眼了许多[1]。

理论

如果你驾车从德国西南部走高速公路向柏林方向行驶，你一定会穿过萨克森-安哈特州。在州界树立的牌子向人们展示了这样一条宣传语：萨克森-安哈特，欢迎来到早起的联邦州。关于诞生了这条宣传语的那次广告竞赛，我们在网络上可以找到许多评论，甚至还有打趣的留言。其中一条是这样的："如果我还住在萨克森-安哈特，那么可能就不是这个结果了，因为我会拉低平均数值的。"另一条评论认为，与其他联邦州相比，萨克森-安哈特州的人们需要更长时间到达工作地点，所以他们必须早起。还有一条留言来自最近刚刚搬进这个州的人："一个萨克森-安哈特人对于自己早起这件事怎么看呢？"有人用一个笑话回答："他在想

1　本章案例的主角是杜撰的，但是改变了萨克森-安哈特州形象的广告宣传语是真实存在的。

他的那条想在太阳升起时去读晨报的狗。”[1]这个玩笑大概最接近实际情况。

以上案例故事中提及的调查是真实存在的。该项调查问卷询问了2 000个德国人早晨何时起床。平均每个联邦州被询问的人数不超过125个，这个样本规模不具备典型性，但是这个问卷调查结果与你在下面的章节里阅读的内容非常接近。

几年前我致力于这样一项研究：人类的生物钟是否和其他动物一样是通过明暗变化来调节的，抑或属于一种例外，即主要是通过社会信号实现调节的（请你回想《当黑夜变成白天》这一章节中的哈瑞特，她的生物钟无法与社会生活的时间同步）。首先我与印度的同事做了一个实验。在印度次大陆的东部港口城市钦奈[2]，以及与其处于同纬度的印度西海岸城市芒格洛尔，我们发了几千张问卷调查，调查人们的

---

1 狗的“晨报”是指一只狗在遛弯时嗅到的各种气味。因此到了早晨，每只狗都想出去。

2 原名马德拉斯市（Madras）。

“时间类型”。首次调查的结果是：钦奈市人的时间类型的平均值比芒格洛尔市人的时间类型早。这个结果表明，明暗变化也是人类生物钟的主要调节因素——因为东部太阳升起的时间比西部要早。

当我在佛罗里达的会议上介绍这一次调查的结果时，一位同仁马上对我说：“很棒的结果，但是我打赌，这只适用于印度——在欧洲你不会得出同样的结论。”

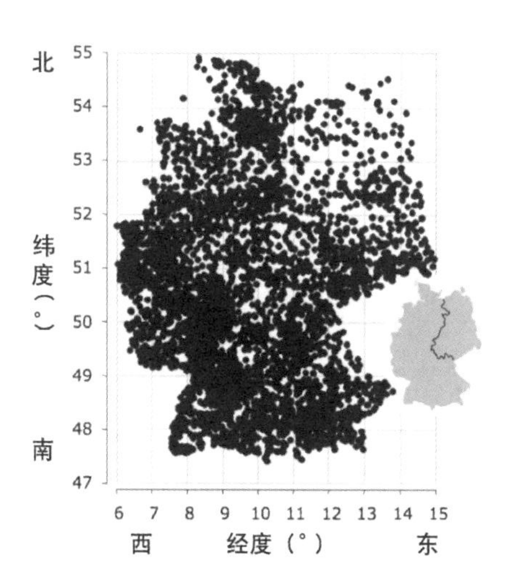

他的评论让我感到非常吃惊，但是我非常感谢他，他促使我做出行动来反驳。我曾经在德国国内建立了一个涵盖整个中欧地区的时间类型数据库，包括4万人的数据。当时，我们也询问了被调查者的居住地邮编，也就是说我们可以制作一张德国地图了。

我回国之后就立即开始分析数据库并完成了地图的制作。这些工作完成之后，观察数据分布的情况时，我非常惊讶。

我决定只采用德国人的数据进行分析[1]，这意味着奥地利、法国、瑞士、荷兰和比利时的调查数据会被排除在外。我的决定基于以下两个原因：第一，如果分析全部数据，工作量太大；第二，如果调查结果无法排除文化差异的影响，就会影响我的调查结论。德国是一个大国，肯定存在不同的文化，但是柏林（位于德国东北部）人和巴伐利亚（德

1 为了能够确保被调查者所在地的信息属实，我将数据进行严格筛选。在分析过程中我只采用了邮编与地址完全一致的数据。某些可能只是由于疏忽而写错邮编的数据，我也没有采用。

国东南部小镇，与柏林所处经度差别不大）人之间的差异比巴登（德国小镇）人和斯特拉斯堡（法国境内毗邻德国的小镇）人的差异小，而且无论如何与芒格洛尔人是截然不同的。地图上的每一个点都代表几百个记录。每个点代表的人数与相应地点的人口密度一致。以邮编为参照画出来的地图大概是不需要画出国界线的吧？德国的轮廓很容易辨认（你可以与旁边较小的灰色地图进行比较）。我们也标记了北海的几个岛屿的居民的数据。把结果汇总到一起之后，我计算了从东部到西部每一条经度线上的平均时间类型。每一经度对应地球圆周的一度，地球自转一周需要1 440分钟。因此太阳从一个经度移动到下一个经度需要4分钟。德国的最长宽度是9个经度——太阳照射德国最东边的时刻比照射最西边的时刻早36分钟。

如果人类的生物钟只受社会时间控制，那么无论处在哪一经度上，德国人一定有着相同的时间类型，因为他们都生活在同一个时区内，这一点与美国、加拿大、印度等国土面积较大的国家居民不同。如果人类生物钟是通过明暗变化、清晨或傍晚，或者是通过太阳的最高位置（正午）来调节的，那么德国人的时间类型就会因为经度的不同，自东向西呈现4分钟的偏差。根据我对生物钟同步性的了解，我本来也猜测到，太阳时间会影响人类生物钟。最后得到的结果却还是让我感到惊讶。在下图中，水平轴是每一经度上当地太阳升起的时间（我选择了一年中最长的一天采集数据，当然选择其他的日子也是可以的）。纵轴是当地人睡眠中点时间的平均值，即我们的数据库记录的每一经度上德国人的时间类型。虚线对角线表示太阳自东向西的运动。不难认出，时间类型随着太阳自东向西的运动越来越晚——每一经度单位之间平均相差4分钟[1]。这一结果显示，人类的生物钟与其他动物一样，是以太阳时间为导向的，无论是印度还是欧洲的国家。

1 太阳时间在水平轴上从右向左变化，与地图的左西右东一致。

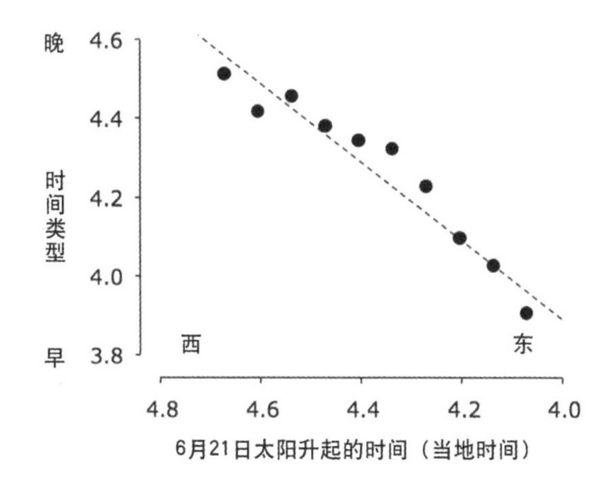

每一次当我为人类行为找到其生物学基础的证据时，我的同行之中至少有一个会站出来反驳，他们认为我找到的证据可以用文化影响来解释[1]。我第一次在讲座中介绍这一调查结果的时候，马上有人反驳我说这一结果是一种文化现象！

1　请你回想在《完全是浪费时间》这一章节中提到的“迪斯科理论”，这一理论解释了为什么处于青春期的人具有较晚的时间类型；或者考虑这样一个问题：一个人是否能够适应任何工作时间；或者回忆这一章节提到的那位对我在印度的研究提出异议的同仁。

德意志民主共和国的人必须比他们的西部同胞起得早[1]。那些持社会中心论观点的人认为，我们的调查只是说明了在社会主义政府管辖下长大的人和在资本主义政府管辖下长大的人之间还遗留着文化差异。

但如果这种观点是正确的，那么结果就应该如下图所示：根据各个经度的社会主义者和资本主义者的比例，时间类型的平均值应该按照所画的曲线变化——德意志民主共和

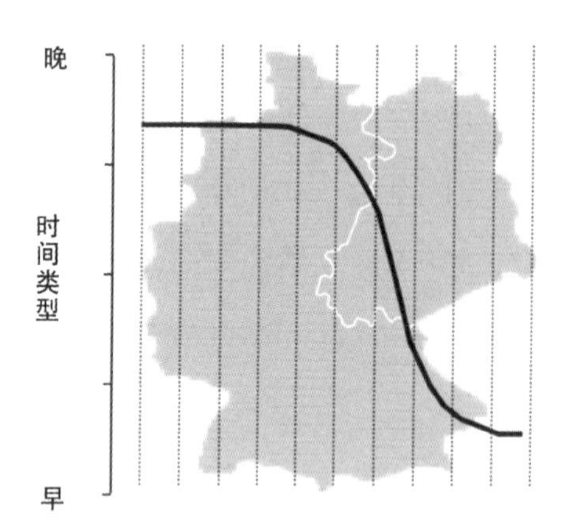

1 现在你就明白为什么两德统一的现状下我仍然在前面的灰色地图上标记德意志民主共和国的国境线了。

国的时间类型在右边，联邦德国的时间类型在左边，并且在两方交界处有混合。

但是真正的结果完全不符合社会政治学说的假设。为了能够确定时间类型在东部和西部之间的变化不是德意志民主共和国和联邦德国的社会政治产物，我们只分析联邦德国的数据，这样就可以得到排除社会政治属性的数据了[1]。这一次的分析结果和之前没有不同[2]。因此我们可以说服反对者了，人类主要是通过太阳时间而不是社会时间模式来调节生物钟的。

引言部分提到过，自从19世纪末，世界被分成24个时区以来，人们都是按照所在时区的时间生活的。在那之前，世界尚处在农业社会，人们的生活是以当地的太阳时间为根据的。然而令人惊奇的是，直到如今，21世纪的第20个年头里，我们的生物钟仍然像我们的祖先那样按照太阳时间滴答

1　事实上，在生活作息时间上，东南部的人们比德国其他地方更保守。

2　这一次的结果与上一次一样，《永远的曙光》这一章节将会回顾这个分析结果。

作响，与此同时，出于工业社会的社会生活压力，我们必须校正自己的作息时间。因为每两个相邻时区之间只相差1小时，所以我们是否可以这样认为：人们最多只需要适应与太阳时间相差1小时的生活方式。如果从时区中线同时向西和向东延展，那么社会时间与当地太阳时间的偏差只有30分钟，这是可以接受的。如果我们调整夏令时和冬令时，那么社会时间模式每年还会有两次1小时的变化（关于这个问题我们会在《往返于法兰克福和摩洛哥之间》这一章节详细探讨）。

遗憾的是，社会时间和太阳时间的差异很少有少于30分钟的，因为政治家才是决定本国公民属于哪个时区的人。在我开始深入研究社会时间和太阳时间之前，我从未意识到“午夜”（Midnight）这个词与其原始含义“夜晚的中间”的区别有多大。一个极端的例子在中国：中国的陆地横跨将近地球的1/6[1]，却只实行一个时区。钟表显示22点的时候，中国西部的太阳时间还只有19点24。西部的人们在社会时间的早晨6点上班的时候，当地的太阳时间只有3点24。有人对我说，中国西部的社会并没有按照北京时间来组织生活。例如，如果他们想在太阳时间的19点一起吃晚饭，那么他们会直接约定在22点见面。

欧洲中部也存在这种差异——虽然不如上面的例子那样极端。理论上的“夜晚的中间”和“午夜”完全一致的情况只会发生在伦敦、东经15°或格林尼治西部[2]。欧洲中部时区（MEZ）比格林尼治时间早1小时——这是布拉格的太阳时间。因此巴黎的“午夜”比“夜晚的中间”早1小时，而西班牙的西部城市圣迭戈·德孔波斯代拉以及加利西亚省（位于

1　这个数值的单位不是千米，而是圆周角度。如果在极点附近，理论上人们可以在几分钟内就绕世界一圈，但是如果在赤道就需要走上40 000千米了。

2　准确地说，一年之中“午夜”与“夜晚的中间”只有两次完全一致。基于天文地理的原因，在地球上的任何地方，夜晚的中间与午夜都存在±15分钟的偏差。

西班牙东部）的“午夜”与“夜晚的中间”则相差97分钟。在长达7个月的夏令时期间，社会时间与太阳时间的差异更大。圣迭戈·德孔波斯代拉的“午夜”和“夜晚的中间”的差别达到158分钟——2小时又38分钟！当这个西班牙社会时间的钟声于午夜敲响时，太阳时间才21点22。

加利西亚的社会时间与太阳时间之差在我们的研究中尤其重要。这个西班牙的省级行政区位于葡萄牙的北方，且处于同一经度。而葡萄牙人使用的是格林尼治时间。出于这个原因，我的研究关注了加利西亚和北葡萄牙人的日常行为。我向一位来自葡萄牙北部城市波尔图的科学家介绍我的研究计划后，他立即回答，这样的研究项目是多余的，因为两国的文化差异很大，并且补充道：“例如西班牙北部的人吃晚饭的时间比葡萄牙人晚1小时。”其实两国人吃饭的时间都在同一个太阳时间：西班牙的22点相当于葡萄牙的21点。

慢慢地，我为自己找到了社会文化背后的生物学证据而感到愉快。例如我的观点是，迪斯科并未教坏青少年，而是他们可以按照自己的生物钟打发时间的场所，青少年在那里可以在夜间大声喧哗，不会吵醒其他民众。从某种程度上说，人们可以认为，某些文化差异也许是在人为划分时区之后才产生的。虽然所有人都生活在同一个社会时间里，但是德意志民主共和国人先吃早餐，然后是联邦德国人，接下来是法国人，最后才是加利西亚人。下一章节你将会看到，生物钟甚至造成了乡村人吃早饭的时间都比城市人早[1]。

1　为了避免误解，这里需要指出的是：我的目的不是专门用生物钟来解释世界。一切现象都有多种原因。但是我想矫正包括科学家在内的多数人带着社会文化的眼镜看世界这种观念。在饮食习惯方面当然不仅存在东西方差别，也存在南北方差别，但是引起这种差别的原因不仅是文化，也有诸如气温等环境因素的影响。

第18章　永远的曙光

案例

索菲坐在窗边她最喜欢的位置上看着山谷。所有人都上床睡觉之后，她关上灯，这样她就可以欣赏满天星辰了。一轮满月升上山顶，它发出的光芒给山谷披上了一层梦幻的色彩。索菲的思绪飘到几个月前自己混乱不堪的生活上。麻烦开始之前，他们一家人像其他普通的家庭一样生活得很幸福。

约瑟夫和弗里德里克是一对同卵双胞胎，30年前出生在山上的农庄里。高中毕业后，约瑟夫整日与父母一起在田里劳作，并且6年前他们搬到老房子去住。他们的村子在一条狭长山谷的尽头，只有一条路通往另一个山庄，而且车程有半小时。弗里德里克在邻村的工厂里工作。约瑟夫和弗里德里克是典型的双胞胎，一方面他们希望被看作两个独立的人，另一方面他们却做着同样的事情。他们甚至是在同一次焰火舞会上遇见了各自未来的妻子!

两个人整个晚上都在与索菲和汉娜跳舞，还不断地交换舞伴。两个女人也是同一类型的。她们有着同样的性格和幽默感。这对双胞胎对女人的品位也相同，所以他们花了几个月的时间才最终确定谁更爱谁。四个人之中拥有相同点最多的两个人分别走到了一起。索菲经常到农庄里去帮助约瑟夫。弗里德里克经常在中午休息的时候到汉娜父母开的商店去，他经常给汉娜一张购物清单，上面写着农场需要的日用品。汉娜把所有的东西装好，等弗里德里克晚上再次路过商店的时候来取。取完东西之后弗里德里克开着车沿着长长的、曲折的山路回家。

一年以后，约瑟夫与索菲结婚了。索菲的父母在30公里以外也有一个农庄。不久以后，弗里德里克与汉娜也举行了婚礼，汉娜搬到了双胞胎父母家的阁楼——阁楼是约瑟夫结婚之后在原来房子的基础上修建的。如果没有早晚时间方面的问题，四个人本来会过着普通、简单、幸福的生活。

弗里德里克去工厂工作之前，双胞胎的生活节奏是一样的，几乎精确到分钟。他们打呵欠、睡觉，或者不用闹钟就会醒来的时间都是一样的。但是当弗里德里克在工厂工作之后，他的时间习惯慢慢地变了。农夫的习惯一直未变，但是工人上床睡觉的时间越来越晚，最终弗里德里克必须借助闹钟才能在早上正常起床。两个女人虽然有很多共同点，但是她们的日常习惯也正好相反。汉娜必须在将近20点的时候上床睡觉，上床之后马上就能睡着，在太阳升起之前她就能醒来（夏天除外）。索菲则一直是较晚时间类型。在婚礼上，她的父亲既表扬了女儿的优点，也提到了女儿的缺点，就是早上起不来床。所以，后来情况就变成了早上约瑟夫和汉娜给晚起的两位做早餐。弗里德里克和索菲晚上是最后睡觉的，比两人各自的伴侣睡得都晚。

时间习惯的错位给两对夫妇带来了麻烦。弗里德里克和索菲因为晚上相处的时间很多，因此走得很近；约瑟夫和汉娜在早晨的交流也变多了。他们都没有意识到这种悄然发生的变化。一天晚上，汉娜醒来，想到厨房去热一杯牛奶。她惊讶地发现自己的丈夫被妯娌搂在怀里！受伤的情感像毒药一样破坏了和谐。这个事件让四个人陷入了责备和不信任的境地。接下来的几个月里，他们都没睡好觉。汉娜和约瑟夫晚上不睡觉，监视着自己的伴侣。因为自己的伴侣不信任自己，索菲和弗里德里克也不得不早起。

汉娜陷入深度忧郁之中，所以不再与丈夫一起坐车到父母的商店工作了。在以前，她一定会因为早晨能与约瑟夫一起去工作而高兴。但是现在，如果约瑟夫的手无意中碰到了她的手，她都会闪电一般将手缩回来。矛盾的心情加剧了汉娜的忧郁症，最终她决定逃避一切。汉娜几乎不再离开家门；每天晚上6点就睡觉了，凌晨2点就醒来。一天晚上，家中的另外三个人一起吃饭，弗里德里克说，没有女儿的帮忙，汉娜的父母应付店里的工作感到非常吃力。“如果我有多点时间就好了，”索菲说道，“我就会马上去帮助他们。”弗里德里克建议，汉娜替索菲做农庄里的工作，他说：“她应该多在室外活动，这一定会缓解抑郁症。”这个计划实施之后，四个人之间的紧张关系得到了缓解。从那时开始，他们又变成了幸福的家庭。两对夫妇在几年之后都有了各自的孩子。

理论

虽然这个案例故事是围绕时间类型怎样影响夫妻关系[1]展开的，但是这个故事应该引出的是另一个在现代社会十分重要的话题：计时器的强度。约瑟夫和弗里德里克是同卵双胞胎，他们在同一个地方、同样的生活条件下长大，因此他们有着相同的体内时钟基因[2]，他们的日常行为应该是完全同步的。弗里德里克开始在工厂上班之后，他们的时间习惯才

---

1 关于时间类型与伴侣关系这个主题会在《伴侣计时》一章中详细阐述。

2 请回忆《健身中心的黎明》，这一章节讲述了基因对生物钟的影响。约瑟夫和弗里德里克是同卵双胞胎，有相同的基因。他们的童年在相同的条件下度过，因此同样的环境给它们的基因留下同样的印迹。基因，换句话说也是建造蛋白质的能力，可能因为我们生活的方式发生改变。这种现象叫“后生”。

开始变得不同——弗里德里克变成了较晚的时间类型。这种变化可以用《在其他星球的日子》一章中的校正隐藏定律来解释：为了能使体内时钟与外界时间同步，人们必须有一部分时间暴露在光线下，另一部分时间藏在黑暗中。我用了3个生物钟作为例子解释了体内时钟怎样校正的问题。不同的体内时钟的周期会产生不同的时间类型。除此之外，计时器的强度对不同的时间类型的影响也不一样：如果计时器的强度减弱，那么周期短于24小时的体内时钟会变成更早的时间类型，周期长于24小时的时钟会变成更晚的时间类型；反过来，如果计时器的强度增强，那么前者会变成更晚的时间类型，后者会变成更早的时间类型。

约瑟夫在农庄长大，多数时间他都在户外劳作，也就是在较强的计时器下生活。弗里德里克开始在工厂工作之后，他的活动地点多为室内，由此变成了较晚的时间类型，因为他的体内时间（像多数人一样）长于24小时。工业化最重要的成果就是使人们转到了室内工作并生活在密集的居住区内。室内与室外的光线强度具有很大的差别。在一间光线很好的房间里，存在几百勒克斯[1]强度的光；而在室外，雨天的光线强度就有10 000勒克斯，晴朗无云的天气里光线强度甚至会大于100 000勒克斯。城市里的计时器强度普遍弱于乡村：城市里的人们整日接受的光线较少（因为他们多数在室内活动）而夜晚接受的光线强于乡村。因此城市里明暗变化（最重要的计时器）的振幅[2]比乡村小得多。计时器强度越强，其改变体内时间周期的能力越强。不同的计时器强度导致不同的反应特征，因此体内时钟改变了校正规律。下面左边的图表是《在其他星球的日子》一章中出现的，描述了周期长于24小时的人的体内时钟（符合多数人的情况）怎样校正周期。

随着计时器强度的逐渐增加，体内时钟反应变量中可以缩短的部分变得比可以延长的部分多，体内时钟必须把这一部分隐藏在黑暗中（向左移动）。如果我们每天看见了更多的光线（可能还会经历更短的黑夜），我们就变成了较早时

1 勒克斯是光线强度的单位，以人类视觉能够接受的程度来衡量。

2 振幅是一个周期（这里是指明暗变化）内最大值和最小值的差。

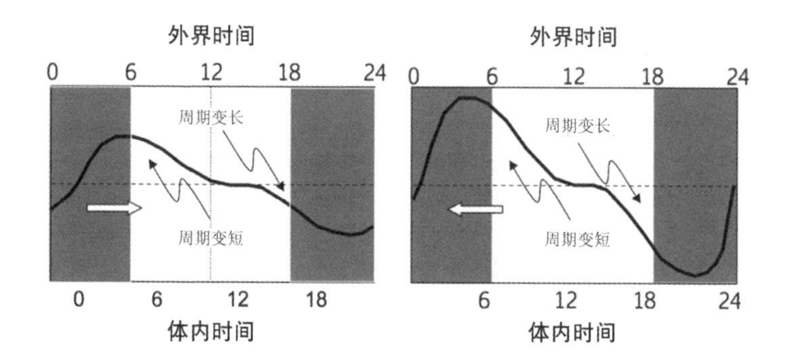

间类型。如果计时器的强度减弱，我们就会变成较晚时间类型，像弗里德里克开始在室内工作一样。

你一定有过这种经历：如果在乡村、城郊或者山中度过一天，那么晚上很早就感到疲惫了。身体的活动和清新的空气肯定是造成困倦的原因，但正如在《数羊》一章中提到的，施坦军士即使在非常疲惫的时候也不一定就能睡着，那么造成我们困倦的最根本的原因是什么呢？那很可能是我们接受了更多的阳光——即使是在雨天也不例外。更多的光线缩短了体内时间的一天，使我们变成了较早的时间类型。

到目前为止，我们观察了体内时钟周期长于24小时的例子，对于这类人来说，日光越强，时间类型越早。但对极端早类型的人来说却不是这样，正如汉娜在得忧郁症不再出家门之后，她上床睡觉时间变得更早而不是更晚了。汉娜的体内时钟周期比24小时短，与体内时间周期长的人们不同，汉娜早上醒得早，晚上困得早。当她不再出家门的时候，计时器的强度减弱了，因此她的周期变得更短了。约瑟夫、弗里德里克、索菲觉得汉娜应该更多地帮助农场的工作及更多地在户外活动，他们的直觉是正确的。在较强计时器的影响下，汉娜可以保持清醒一直到18点。

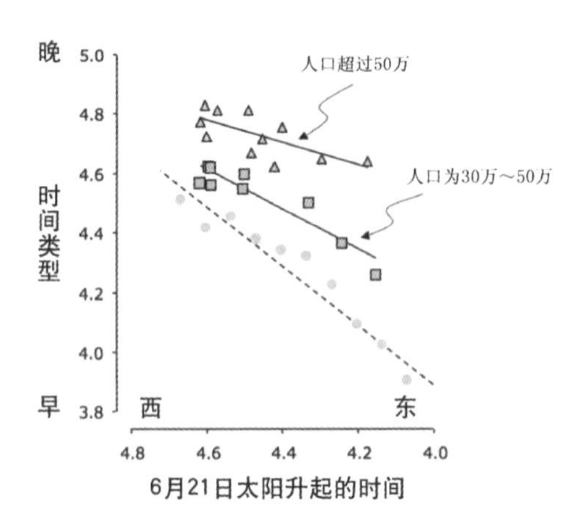

在前一章《从社会主义者和资本主义者谈起》中你已经读过了时间类型从东方向西方的推进，几乎与太阳的运动方向完全一致。不过在那一章中我并没有向各位透露完整的实验结果。时间类型自东向西的推进在30万人以下的地方尤为明显。但在一座人口超过50万的城市里，自东向西的推进比太阳运动的轨迹更平缓（虚对角线），市民的平均时间类型（图中用方块表示）相对较晚。在更大的城市（人口超过50万）里，平均时间类型甚至更晚，推进线更平缓（尽管在统计数据方面仍然十分明显）。

从本章中了解到的信息，可以帮助你解释上述这种现象了。因为乡村的计时器强度比大城市的计时器更强，因此乡村人的平均时间类型更早，并且更加准确地遵循太阳自东向西的运行规律。请回忆社会文化学说的观点：平均时间类型自东向西提高的过程中，东边的那一半更加陡峭。我们不仅在德国东部观察到了这一现象，在巴登和巴伐利亚也观察到了。有一种比较合理的解释是：人口密度增加的速度（自东向西）在德国的“右边”更迅速。

在慕尼黑时间类型调查问卷中有这样一个问题：问受访者每天在户外停留多长时间。令人惊讶的是，多数人在建筑物里或者机动车里度过了一天中的大部分时间。根据调查问卷，在中欧有一半人口在工作日里户外活动时间平均不超过1小时，周末少于3小时。

如果人们在户外的时间至少有2小时，那么根据分析数据，生物钟会被提前大约1小时。如果我们不乘坐地铁而是骑自行车上下班，我们在工作日的睡眠缺乏症状就会缓解1小时；在休息日我们也不必睡那么长时间来补觉。另外，我们的学习能力、心情和社会生活也会得到改善，我们的免疫系统也会变得更强[1]。

工业地区（人们的大部分时间在室内）的计时器强度大约比乡村（人们的大部分时间在户外）的计时器弱200倍。我

---

1 请回忆《睡眠剪刀》一章。光线缺乏以及计时器强度不足可能会导致抑郁。汉娜的忧郁症肯定是由于她看到丈夫在索菲怀里而引起的。缺乏光线也加剧了她的症状；最后她接受了更多的日光照射，忧郁症也就治愈了。在《回归本性》这一章节我们将会详细阐述睡眠缺乏与社会生活之间的关系。

们的现代生活在“永远的曙光”中，给我们的生物钟带来了明显的影响。在进化的过程中，我们只能隐约地感觉到这种相对年轻的生活方式对健康和生活质量的影响。

你已经了解了不同强度的计时器对案例中的两对夫妇的生活产生了多么大的影响。解决案例中的矛盾的方法当然不仅仅是改变两个妻子的工作重心。你一定早就想到，改变情感重心也是一种办法。四个人可以交换伴侣，这样每一对夫妇无论白天还是夜晚都有足够的时间与伴侣在一起。但是这种办法对于乡村的邻居们来说一定是难以理解的。不过只要当事人能够幸福地生活，最终大家都会理解的。交换伴侣肯定也会使家里变得热闹一些。汉娜在晚上就可以与其他三个人一起在厨房里度过更长的时光。当索菲的工作地点从户外转移到室内之后，只有索菲的时间类型仍然还是较晚类型——因为她接管了汉娜父母的商店。但是她一直很喜欢在夜晚从厨房的窗户眺望山谷，在这个时候，一轮明月总是发出梦幻的光芒。

第19章　往返于法兰克福和摩洛哥之间

案例

埃德加·马斯在他皮革封面的笔记本上写下了几句简短的话。为了测量从破晓到太阳升起的整个过程，他在日出之前就已经起床了。当太阳的一半已经跃出地平线的时候，他在自己黑色笔记本的表格中添加了最后几项内容。然后他整理好随身携带的仪器——他每天都带着这些仪器观察太阳和星星。一个高品质的微型望远镜，一个小型的曝光测量仪，高度测量仪和一个便携式六分仪——并把所有东西都放进他的小手包里，然后下楼吃早餐。

埃德加原来是MRT测量定规技术的专业人士，前段时间退休了。但他仍在从事原来的事业——测量一切事物。在他的职业生涯中他逐渐生出了一种对别人的测量工作不信任的情绪，他只相信自己的测量结果，并且坚信，世界是可以被测量的。他的榜样是19世纪的博物学家和探险家，他们证明了探索和理解自然法则的唯一入口在于精准的量化。他认为，我们今天的知识体系都是建立在前人所有的测量基础之上的。

当他从卧室下来，英格利特已经准备好了早餐。英格利特总是把煮鸡蛋的工作留给埃德加，对于埃德加来说，准备完美的早餐是一项仪式，必须要考虑到海平面、气压和其他因素。“早上好，英格利特。”埃德加走进厨房说，“太阳又在准确的时刻升起来了。”“真有意思，亲爱的。”英格利特微笑地回答道，但没有直视埃德加。“你知道吗，当我看到太阳总是那么精准地上升时，我有多开心啊！”他接着说，“比昨天早了183秒。”“多有趣啊，亲爱的埃迪（埃德加的昵称）。”英格利特重复地说道，同时绽放出灿烂的笑容。“因为我们一会儿就要出发，我觉得我们还是别煮鸡蛋了。”埃德加说，英格利特回答道：“随你的意，埃迪。”

她要在1小时之内离开房间，先到机场，乘坐飞机到达卡萨布兰卡，然后乘坐大巴到达摩洛哥南部。埃德加退休后，他们每年都到那儿的一套小夏屋里度过夏天，那所房子的屋顶凉台可以看到海。埃德加认为那个位置很适合用来观测行星、月球和地球的运动。天体运动的精确性传递给埃德加一种安全感和满足感。每年的旅行埃德加总是选择欧洲政府将时间调成夏令时的那天出发，因为他讨厌人类试图操控时间的傲慢做法。每年他都感觉自己像个逃兵，就像因为政治原因不得不离开国家的元首。

几小时后埃德加和英格利特坐在了飞机旅游舱里，面对折叠桌上的一大堆东西，他们试图完成不可能的任务——桌子上有盛着飞机餐的餐盘、盛水和果汁的塑料杯子、两杯咖啡、英格利特的拼字游戏以及埃德加的若干测量仪器，包括高度测量仪。机长打开广播，向乘客播报天气讯息、预计飞行时间和到达机场的当地时间。“我们的飞行高度在30 000英尺（9 144米）……”他在广播通知结束时说道，“祝你胃口好！”埃德加看了一下高度测量仪，皱起了眉头，转过来对英格利特说："这不对劲，我们的真实高度是29 827英尺（9 091.27米）！"他说，"这样是不好的，当他们的仪器不准确时，我们可能与另外一架飞机相撞。""真的吗？"英格利特看起来很不安，但埃德加给了她一个不容置疑的眼神，好像在说："我什么时候错过吗？"埃德加按下呼叫按钮，向走过来的空姐说他必须马上与机长通话，这关乎生死。空姐的第一反应是惊慌，但是看了埃德加一眼后，她认定埃德加并不是什么恐怖分子，回答道："我看我能帮你做些什么。"几分钟后，飞机副驾驶员从驾驶舱里走了出来。埃德加向他解释了，机长的信息只是近似值，他的测量结果才是完全正确的。副驾驶员确认，飞机正确的飞行通道高度本来就应该是29 827英尺（9 091.27米），埃德加无须担心。英格利特在整个争执过程中，一直全神贯注于自己的拼字游戏。

剩下的旅行没有出现其他的问题，只是在银行的柜台窗口有点小状况，埃德加习惯性地质疑兑换手续。晚上他们终于到达了夏屋。一到家，埃德加就登上了屋顶的凉台，为的是在上床之前做一些测量工作。短暂的睡眠之后，他在黎明时分又登上了凉台。当他最后把仪器收起来时，听见了有人上楼的声音，他有些奇怪，因为一般这个时候英格利特还在睡觉。折好袋子，他背对着楼梯口，像往常一样问候英格利特："早上好，太阳又正常升起来了——至少在摩洛哥是这样的。"英格利特没有回答，埃德加接着说，"跟在家的时间一模一样，你说，太阳比昨天升起来的时间晚一些意味着什么呢？我们现在是春天（法兰克福是秋天时，位于南半球的摩洛哥正处于春天），法兰克福的太阳应该升起得越来越早，而不是越来越晚——现在正好反过来了！"他转过头来，期待着英格利特回答他"真有意思，宝贝!"，但她却静静地站在那儿，一句话也不说，脸上挂着一如平常的笑容，直勾勾地盯着埃德加的眼睛，把埃德加看得发毛。

那天早上的晚些时候，埃德加的尸体在人行道上被人发现了，警察把正在熟睡的英格利特喊醒。侦探得出结论，埃德加被自己的口袋绊住滑倒，从屋顶上摔了下来——很可能是他当时正在通过望远镜观察什么东西，因为望远镜就落在尸体的不远处。其他器材也散落在他的周围，空空的口袋盖住了他已经变形的脸。

办完结案手续后，英格利特卖掉了夏屋，回到了法兰克福。她再也没有去过摩洛哥，调时令的那一天她总是独自一人去教堂，为埃德加点燃一根蜡烛，她的脸上依然是埃德加熟悉的笑容。

理论

像埃德加那样多疑的人，总是认为我们这个世界充满了迷惑和谎言，只有来自自然界的信息才是可信的。所以这样的人不能容忍我们的社会如此深入地干涉自然界——例如一年两次调整时钟。到了夏令时，人们就会陷入两难境地：一方面他们抱怨这个规定，另一方面又享受着这个规定给他们带来的好处。在最近的一次（不是最具代表性的）互联网调查（2009年春季）中，反对夏令时的人群占到半数以上。

支持夏令时的人们提醒反对者，夏令时只需要把时钟调整“小小的1小时”而已，而且是调整到正确的方向——适应太阳周年运动的自然路线。但是人类（准确地说是人类的生物钟）是否能适应这种时间的转变呢？如果能够适应，那么需要多长时间的适应调整期？只有少数几个调查对此做过研究。多数调查的结果显示人们需要大约一星期的时间适应夏令时，但是这些调查并没有指出工作日与休息日的差别，而且并没有考虑到不同人的生物钟（时间类型）对此的反应。

在上一章节我提到了一个德国的例子，说明了我们的体内时间与自然界明暗变化的联系有多么的紧密。尽管社会生活对我们的生活产生着巨大的影响，但是人类的作息习惯更多的是受生物特性所控制，我们的体内时钟从东向西每个经度都比前一个经度晚4分钟——与太阳的运动完全符合[1]（虽然这种影响在一个国家内多多少少应该是一样的）。

因为存在这种影响，因此我们想弄清楚，体内时钟怎样适应人为改变的社会时间以及夏令时与冬令时的转换。我们决定进行一项调查并找到了一些志愿者，在夏令时和冬令时

---

1 当然这不是太阳本身的运动，而是地球自转造成其本身的各个地方受到太阳照射的变化。

前后的8个星期里，我们对志愿者的生活情况进行了监测和观察。

这项调查开始于秋季冬令时开始的时候，一直持续到春天时间被调整为夏令时之后。63位志愿者在调查开始前的一星期收到了厚厚一叠材料，包括很多调查问卷（所涉及的问题包括调查开始前的生活[1]），还有空白的日记本（被试需要在第二天醒来之后记下过去24小时的生活[2]），以及一个防水的活动记录仪，被试在8个星期里必须一直将其戴在手上[3]。

1　例如慕尼黑时间类型调查问卷（MCTQ），用来确定被试的体内时钟类型。

2　记录内容包括何时上床睡觉，房间内的灯光何时关闭，入睡需要多长时间（睡眠潜伏期），何时醒来，醒来之后在床上躺多长时间（睡醒后的混沌状态），睡前和睡醒之后有多清醒，是否使用闹钟，睡眠质量如何，所记载的早晨是工作日还是休息日，等等。另外，日记里需要记录被试者在户外度过了多长时间。在《永远的曙光》一章我们了解到，现代人在户外的时间很少，因此夏冬令时的调整对生物钟的影响常常被忽略。

3　请回忆在《青春的尽头》这一章节提到的研究敬老院人们活动规律的时候使用的活动记录仪器。这种仪器看起来像手表，能够测定和储存每分钟手臂的活动。所有参与时间调整调查的志愿者都必须记录他们摘下记录仪的时间。

另外，我们在这项研究中还想弄清楚，人们是怎样完成时间类型的转换的，他们怎样改变自己的在一年之中的睡眠/苏醒习惯。在进行这项研究的时候，我们的数据库里有55 000份信息，因此算出每两个星期中人们在休息日醒来的平均时间是很容易的，然后就可以分析苏醒时间的季节性变化了。下图显示了这一数据在一年中的走向——从12月开始，在纵轴上按照由上到下的方向观察，人们苏醒的时间越来越早，然后又逐渐变晚。第二年的12月开始，同样的趋势又重复了一次，这样人们可以清楚地看出在冬季月份的这种变化（与《当黑夜变成白天》一章中提到的“重新拼接法”相似）。水平轴表示从欧洲标准时间的5点到9点半，因为没有使用当地时间，因此调整夏冬令时会出现突然的时间变化。灰色的区域表示天黑到太阳完全升起之间的时间段。

我们的日常生活与太阳升起之间的联系紧密得令人惊讶——至少休息日的时候如此。与太阳升起时间一同变化的是，从3月开始人们的平均起床时间就越来越早。我们的体内

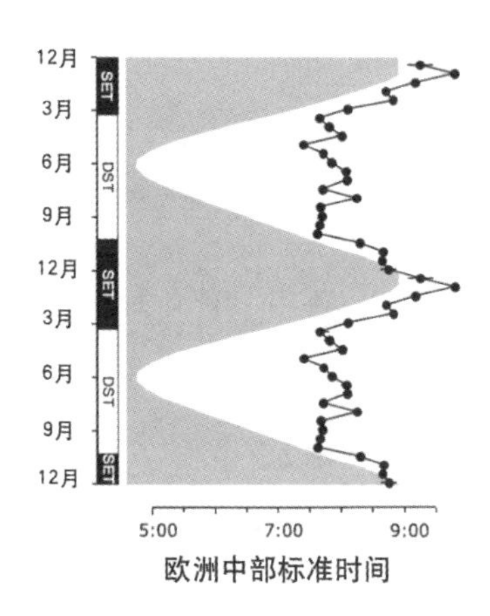

时间跟随着太阳升起的时间而变化，正如我们在前文研究中猜测的那样。但是我们的志愿者起床的时间看起来只在冬季里跟随太阳升起的时间变化。一旦中欧进入3月的最后一个星期，即夏令时开始[1]，苏醒时间就不再跟随太阳升起时间变化了，而是保持整个夏天在7点45左右醒来（发生小幅度变化），相当于夏令时的8点45。到10月份的最后一个星期日，社会时间回到了正常的太阳时间，苏醒时间立刻开始以太阳

1　图表中的黑色垂直平行线表示欧洲中部标准时间（NZ），白色的表示夏季时间（SZ）。

升起时间为校准了。体内时间的校准（即时间类型）适应了季节的变化。但是为什么这种校准只发生在冬季？难道这是生物钟自发进行的夏令时调整吗？

即使没有夏令时，体内时钟在整个夏天里也不会追随太阳升起的时间变化——请想一想靠近极点生活的人们，在夏季里一天既没有开始也没有结束（极昼或极夜）。但是现在没有实行夏令时之前的记录，我们无从知晓在中纬度生活的人们是否在夏季里于太阳升起的时候准时醒来。如果是这样，则意味着他们在21点睡觉5点起床（如果他们在夏季的睡眠时间不会突然缩短的话），睡眠持续时间会随着季节的变化而变化。

夏冬令时调整之际，体内时钟会开始或者停止跟随太阳升起时间进行校准，这明确地证实了人为时间调整对体内时钟适应自然季节变化的影响。夏令时调整发生在春季开始的时候[1]，此时距离欧洲的时钟在秋季开始后调成正

1 在极昼夜平分点，白天和夜晚都是12小时；在北半球这一天是春分（3月22日）或秋分（9月22日）。

常时间才过去不久。虽然在一年中两次调整时钟的时候一天的长短明显不同，但时间调整直接地影响了我们的睡眠/苏醒时间。如果从春季的某一天开始，体内时钟不再跟随太阳升起时间变化，那么到下一次按太阳升起时间校准的那一天，其昼夜长短应该与春季里的那一天的昼夜长短相同。

根据我们的问卷调查，许多被试者认为，夏冬令时的时间调整强化了“春天醒得早，秋天醒得晚”这个自然规律，因此我们的体内时钟可以更容易地适应社会时间。但是我们的研究结果却不是这样。在冬令时开始前的4个星期里，63名被试者在休息日里苏醒的平均时间一直是近乎相同的——他们的体内时钟没有跟随太阳升起的时间变化。在冬令时时间调整的那一天，他们的苏醒时间再次按太阳升起时间校准，与数据库分析结果完全一致。

在睡眠/苏醒活动方面，我们的志愿者在春天进入夏令时的时候毫无困难。我们把较早的时间类型与较晚的时间类型的数据分开分析，结果显示只有时间类型比较早的志愿者能够完全适应夏令时的时间变化，而到夏令时开始的4周后，时间类型比较晚的志愿者都还没有完全适应。如果观察活动记录仪的记录分析，我们会发现这种不适应的状态往后会更加明显。

不同时间类型的人的作息时间与他们各自的睡眠/苏醒类型是一致的。下文的分析显示了被试者在秋季冬令时调整前的4个星期的休息日活动——前面是典型的较早时间类型的人，后面是时间类型较晚的人。较早时间类型的人从6点开始就活跃起来，较晚时间类型的人10点半才开始活跃起来。两种类型的人同时结束一天的活动。在这个特殊的例子里，较晚时间类型的人睡眠时间略长一些（从他们不活跃的时间来看）[1]。

1　因为活动记录仪只记录活动，所以我们只能感知被试什么时候在睡觉。为了准确地确定睡眠时间，我们需要一个可以记录脑电图或眼睛活动的多频睡眠记录仪（参看《完全是浪费时间》）。

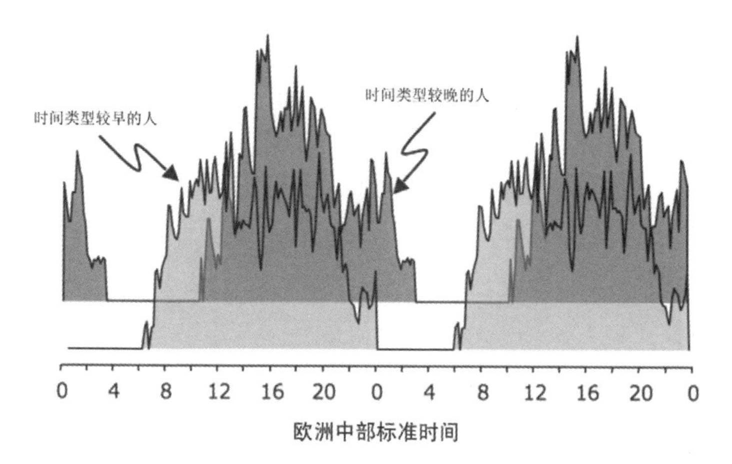

下图显示了较早时间类型和较晚时间类型的人在周末开始活跃的时间，这个时间与夏令时调整时间之前太阳升起的时间一致（灰色区域的右侧倾斜边缘）[1]。时间类型较早的人开始变得活跃的时间左右波动，而较晚时间类型的人开始活跃的时间完全与太阳升起的时间一致。夏令时开始的时候，

1　图表中标记的只是基准点，我们把志愿者开始活跃的时间起始点定为7点，然后每个星期计算一次起始点推迟了多少。请注意，所有相关图表的时间均为欧洲中部标准时间。如果所有参加实验的志愿者都遵守了夏冬令时调整的时间，那么尽管当地时间保持不变，他们起床的时间也会早或者晚1小时。

较早时间类型的人开始活跃的时间立刻提前了一小时，较晚时间类型的人没有明显的反应。4个星期之后，两种时间类型的人们都没有完全适应时钟调早1小时的新时间。较早时间类型的人开始活跃的时间只提前了大约45分钟，较晚时间类型的人开始活跃的时间恢复到了8个星期之前的时间。

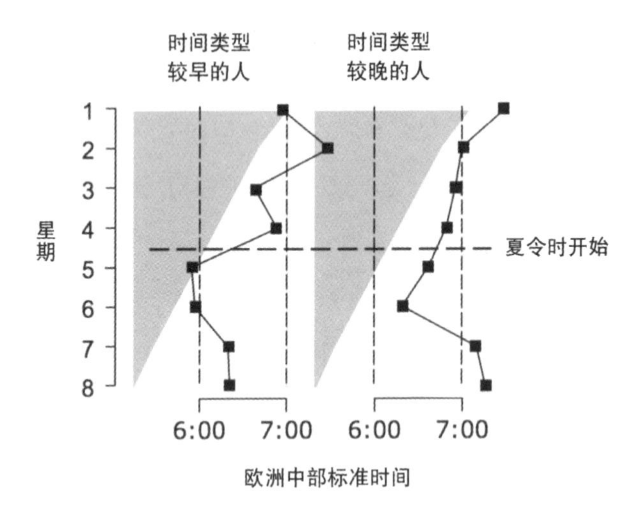

但是为什么我们的生物钟适应夏冬令时这么困难呢？毕竟这不过是短短的1小时而已！只有想明白调整夏令时之后真

正发生了什么，才能明白夏令时的干扰在哪里。当春天来临时白昼变长，我们的生物钟（只能在休息日才能观察到！）明显渐渐地适应了越来越早的日出。多数时间（工作日）里，我们差不多都会在同一时间起床——通常都比休息日早。我们的起床时间先是比日出时间早，然后与日出同时，逐渐落后于日出。这一过程将持续大约3个月。直到时钟在3月份（南半球的时钟则在9月份）拨快1小时[1]。因为时钟突然快了1小时，因此我们不得不回到3个星期前，起床时间再次早于日出。调整夏令时的那一天距离昼夜等长日越近，我们的自然生物钟向后倒车的时间就越短。到了秋天，这种境况又反过来了。白昼越来越短，我们的起床时间先是晚于日出，然后与日出同时，然后逐渐早于日出。秋季调整冬令时（在欧洲大约是秋分之后的1个月内），我们又回到了大约4个星期之前[2]。请看下面黑色粗线（太阳升起时间）的从左到

1　究竟在哪一天调整时钟，各个国家均有不同。例如美国最近将夏令时调整日提前，并推迟了秋季的冬令时调整日。

2　准确的时间取决于纬度。

右的走势（水平线表示假定的苏醒时间：7点）。

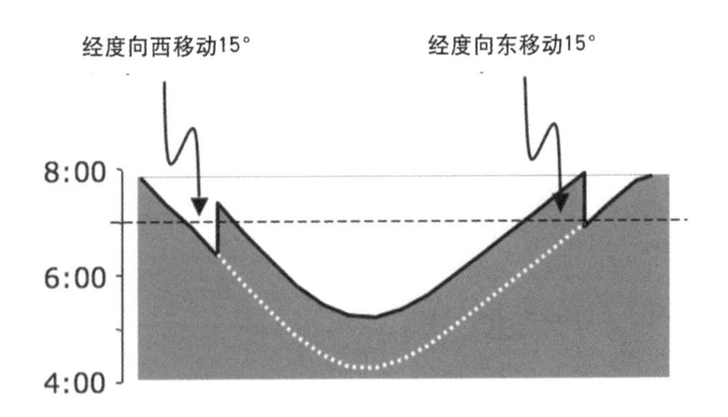

春季调整夏令时的时候，生物钟向后倒3个星期（例如住在法兰克福的英格利特和埃德加），相当于向西走了15个纬度；到了调整为冬令时的时候，我们的生物钟又向后倒了3个星期，相当于向东走了15个纬度。夏冬令时的时间调整后，太阳升起的季节变化对我们的日常生活的影响减弱了许多（白色的线显示了没有夏冬令时调整情况下太阳升起的时间）。太阳升起的季节变化变弱，相当于我们向赤道方向前进。对于中欧人来说，相当于从法兰克福到摩洛哥再回来。

实际上，夏令时与强行规定所有人早上班1小时没有什么不同[1]。一个愤青可能会坚持把时钟调快1小时，这样就不会觉察到我们上班时间的变化了。我们的调查结果只显示了时间类型较晚的人不能很好地适应时间的推迟。上文提到的对生物钟系统的干预放大了“社会时差征”的影响，减少了我们的睡眠时间。

每逢调时令的这一天为埃德加点燃蜡烛时，英格利特灿烂的笑容充分表达了她无须再与测量狂一起生活的轻松。她早就意识到了每年到摩洛哥“逃难”多么具有讽刺性。难道她不曾与埃德加讨论过一天的周期、太阳升起时间与埃德加所讨厌的时间调整之间的相互作用吗？其实他们原本可以舒服地留在法兰克福。

1　或者相当于在不搬家的情况下为一个东边时区的公司工作，例如《睡眠剪刀》这一章中的蒂莫西。

第20章　黑夜中的光

案例

马尔科·冈札勒斯拿起电话，瞥了一眼屏幕，屏幕上有曼彻斯特天气的所有细节。“早上好，泰勒夫人。你怎么样？雨终于停了，真是太好了不是吗？”马尔科才开始工作。泰勒夫人往银行打的电话是接下来12小时没有尽头的工作中的开端。“我叫马尔科。我能为你做什么？”泰勒夫人要求马尔科从她的账户中取出一笔钱用于支付医疗费。她的年纪很大，即使她能使用电脑，但网上银行页面对她来说也像天书一样。“当然了，我们会处理的，”马尔科友善地回答，“首先我需要你的个人识别码，然后是医生的姓名以及他的银行账号。”输入所需信息之后他又说道：“现在我需要转账的密码，泰勒夫人。”她慢慢地读了6位数字。“对不起，泰勒夫人，这个号码你已经告诉我了。请读你手中清单上的下一行。”

接下来的3小时里，马尔科为30位顾客提供了服务。一通电话让他转动了椅子，让他可以看玛利亚一眼。玛利亚的办公桌与他的办公桌距离3个隔间。这一天的工作非常多，他连与玛利亚对视的机会都没有。当他想看玛利亚的时候，她总是在忙着与客户交谈。他们是在6个月前的入职培训中认识的。在入职培训中他们不仅学习了工作中需要的全部知识，还学习了交流能力以及语言能力。

在几个办公室里有密密麻麻排列在一起的开放工作隔间，空间非常小，并且摆放着电脑。另外还有几个小一点的房间，里面有两组双层床。如果员工们太累，就可以去那里休息一下。休息的次数和时间受到严格的控制。马尔科摘下耳机站起来，想到下一个隔间去看看。通常都是罗伯特和米格尔坐着的A04号隔间和A11号隔间空着。他们不是去休息了，就是出去抽烟了。马尔科突然想起来，最近他们换了休息时间。这是为什么？米格尔今天过生日，十几个朋友商量好了下班之后在酒吧碰面庆祝一下。马尔科又戴上耳机，准备接下一个电话。与客户商谈完毕之后他把椅子转回去，正好赶上玛利亚也放下了电话。每次与客户谈完之后她都会转过身，想看看马尔科是否也在看她，现在，两个人终于有了目光的接触。接下来，他们用手势商量好，20分钟之后在休息室见。

玛利亚和马尔科结束了一天的工作，他们走出大楼，立即被明亮的日光弄花了眼睛。他们的眼睛需要一定的时间才能适应外面的光亮。办公楼大多没有窗户，他们就像地窖里的工人回到地面一样。碰面之后两个人决定走着去酒吧，酒吧距离办公楼大约1千米。在路上，马尔科转向玛利亚说道："你听说了吗？台风快来了。"玛利亚看了他一眼，有些激动地说："噢，不要再来了。我讨厌死暴风雨了，这个季节的台风已经太多了。"马尔科用胳膊搂住她说："大概台风转向了。不会像以前那样了。"

酒吧是根据年轻工人的需要建造的，位于工业园区里。

周围没有可能会来抗议噪声的邻居。派对持续了将近5个小时。大家都喝了很多酒，幸运的是接下来的3天他们都不用去上班。一开始，所有人的心情都很好，但是当醉醺醺的何塞开始八卦谁和谁是一对儿的时候，气氛就开始变了。他完全失去了控制力，连很私密的事情都讲了出来，被泄露秘密的当事人大声吼了出来。结果，3个哭泣的女人和5个男人怒气冲冲地离开了。到派对终于结束的时候，已经是中午了。玛利亚和马尔科不想分开。像多数刚踏入社会的年轻人一样，他们还住在父母家里，因此接下来的3天里都无法见面。年轻人热爱他们的工作，不仅因为工资高，也因为工作给了他们从严格的家规中解放出来的机会。

理论

在如今的社会中，对体内时钟产生最严重的负面影响的工作就是倒班工作。工业社会中将近20%的从业者需要做倒班工作。持续几十年的流行病学研究表明，做倒班工作的人比做传统工作的人患病的概率更高，其他负面影响还包括睡眠困难、抑郁、心脏病、消化系统疾病、糖尿病以及其他新陈代谢类疾病，还有肥胖症甚至癌症（世界卫生组织WHO还将“影响生理节律的倒班”看作导致癌症的潜在威胁）。2009年以来，丹麦为每个做夜班工作并患乳腺癌的女性支付了一笔赔偿金。在荷兰，一些夜班工人到法庭申诉他们的健康很可能是由于常年倒班而受到了影响。

倒班工作会导致健康问题，这是毫无疑问的——但是致病的机制和原因我们还不清楚。倒班和患病之间的关联非常复杂。倒班工作意味着，人们吃饭的时候，并不是身体最适宜消化的时间，相反在胃需要食物的时候，却吃不上饭；倒班工作意味着某人睡觉的时候，并不是他体内时钟希望的睡觉时间，工作的时候，却是身体需要休息的时候；倒班工作意味着，在大脑和眼睛[1]希望处于黑暗的时候，它们却暴露在光线下，人们回到家里的时候，却是伴侣和孩子早晨起床的

---

1 哺乳动物的眼睛是大脑的一部分，通过大脑胚胎的外翻形成的。因此视网膜的感受器以大脑为向导。墨鱼的眼睛是由皮肤组织的胚胎形成的，因此以光线为向导。

时候；倒班工作意味着，人们想睡觉的时候，却是孩子们想到处玩、外部世界喧闹而明亮的时候；倒班工作意味着，人们经常脱离社会生活的节奏，在休息日的时候非常疲惫，却不得不适应家庭和朋友的生活节奏；倒班意味着，身体和大脑持续的压力，因此不得不依靠诸如咖啡因和香烟之类的东西来抵消疲惫感[1]。

倒班工作本来只存在于对健康和安全负责的行业（例如医院、警察局、消防队等等），后来扩展到了产品生产领域，因为贵重的机器必须全天运行。接着，与上述案例故事类似的服务行业也出现了倒班工作。有些人认为，银行的呼叫中心必须实行正常的工作时间，也许比传统的工作时间长一些，就像一些购物商场一样——有多少顾客在清晨4点需要银行服务呢？服务行业出现倒班工作的原因是经营的扩张。印度有几百万人在菲律宾或者其他亚洲国家从事所谓的业务流程外包

1　在《睡眠剪刀》一章中，我们阐述了社会时差综合征与吸烟之间的关系。倒班工作导致对烟草的依赖程度增大。在倒班工作的人群体中，吸烟还与个人的社会时差综合征有关，也反映了以前就有的一种假说：倒班工作者是否吸烟与教育和社会背景有关。

（BPO）产业的工作。根据最新的数据，在马尼拉有24万人在呼叫中心或者其他服务行业工作。如果一个伦敦的银行在另外一个国家建立了电话客服中心，那么该服务点必须在不列颠的工作时间内有人在岗，不列颠的9点至17点等于马尼拉的16点至24点，波士顿的9点至17点等于马尼拉的21点至凌晨5点。在马尼拉呼叫中心的职员们不仅需要通晓客户的语言，而且必须知道客户所在地的天气等信息，就像与客户在同一时区似的。

倒班工作者的生活不仅与其所在地的社会生活脱节，生活节奏也与其体内时钟不一样，因此健康受到损害也不足为奇。倒班工作可能直接导致某些病症（例如由于吃饭的时间错位而导致的胃溃疡）。在流行病学与倒班工作的研究中，所有疾病成因都归结于倒班工作，也不是不可能。更有可能的假说是，持续的身体压力降低了机体抵御疾病的能力。

有些科学家认为，倒班工作可以直接导致肿瘤的产生。这一论断支持了早前的推论[1]。根据“黑夜之光”（LAN）的

---

1 请注意，倒班工作直接导致癌症还没得到确切的证明。在这里我只想为理论提供一个可能的解释。

假说，倒班工作会导致癌症——以下是一系列论证过程：褪黑素是一种夜晚在体内时钟控制下进行合成的激素，光线会阻止这一进程；褪黑素是一种属于吲哚胺[1]族的化学元素，吲哚胺能够捕获氧自由基；氧自由基会损害DNA；DNA的受损会引起癌变[2]。LAN假说的基础是光线会阻止褪黑素的产生，当倒班工作者在灯光下工作时，是他们本来应该睡觉并且身

---

1 在本书中，你了解了许多化学元素族，例如氨基酸、核苷酸，等等。吲哚胺是一种分子，它由碳原子构成一个环形（吲哚）和一个尾巴。因为该分子结构中也包括氮（胺类），所以被称为吲哚胺。通过化学反应，必要的氨基酸化合成色氨酸。这一族类中包括大量的神经传递素，例如血清素和褪黑素。

2 虽然氧气对生命体是极端重要的，但是氧分子对细胞的化学反应是极其危险的。当地球还是年轻星星的时候，大气层中没有氧气。后来由于生命体的进化和能进行光合作用的有机体大量出现，大气发生了巨大的变化，氧气含量大增，如今大气层中的氧气含量约为21%。结果是，多数新陈代谢不能适应氧分子的生命体都灭绝了。像许多其他分子一样，氧气由一对氧原子构成，以O_2形式存在时并没有危害。如果化学反应与其中一个氧原子结合，那么另外一个氧原子就变成氧自由基。氧自由基极易发生反应，会引起其他分子不可控制的变化。这就是为什么氧自由基会损害DNA分子。有机体的进化必须解决这个问题。例如进化出能够使氧自由基变得无害的方式。在细胞的生物化学反应中存在很多不同的自由基捕捉器，或者被称为吲哚胺。

体应该生产褪黑素的时候。因此他们体内的褪黑素就比可以正常睡觉的人少。褪黑素匮乏导致DNA被氧自由基损害，因此会引起癌变。LAN假说的代表人物认为，褪黑素可以阻止癌细胞增长，这已在动物实验中得到证实。在实验中，有的实验动物的癌细胞已经出现，有的动物甚至被注射了癌细胞。如果肿瘤已经出现，那么无论生活方式是怎样的，都不可能阻止肿瘤细胞增长了。但是这不意味着倒班工作直接导致了肿瘤的产生。那么我们就又回到了另一种可能的情况：持续的身体压力导致机体系统的抵抗力降低。

LAN假说的代表人物继续补充到，流行病学的研究显示，癌症的发生率与光污染有关系。黑夜的灯光只是工业化社会生活方式的指示器。除了灯光以外，还有其他很多因素可能与癌症发病率有关。黑夜的灯光只是诱发癌症的一个因素，而不是诱发癌症的决定要素。黑夜的灯光与癌症之间的联系经常被媒体拿去炒作。某几篇报道甚至说，所有灯光污染——从街道上的路灯到晚上婴儿房里的夜灯——都能引起癌症。这种说法十分片面，因为即使褪黑素水平低引起肿瘤的形成[1]，也不能断定褪黑素是由于光污染而受到了抑制。事实上，只有睁着眼睛睡在明亮的房间时，灯光才会抑制褪黑素生成。

在正常情况下，眼皮合上之后，我们就失去了视网膜所能接受的80%光线。甚至是最能有效抑制褪黑素的蓝光，合上眼皮也能阻挡97%的光。例如一盏100勒克斯的电灯直射合上的眼皮时，视网膜能接受到的光不超过3勒克斯。这不到科学家在实验室里能够抑制褪黑素的灯光强度的1/3。而且仅仅这3勒克斯的光还是被高估的值。因为在深度睡眠的时候眼球会向上转，视网膜能接受到的光会更少。另外，一些科学家还推测褪黑素在正常的睡眠条件下也会被其他光源[2]抑制。因此即使我们在下夜班之后整日拉上窗帘睡觉，残留的光线对褪黑素浓度也没有影响。我们甚至可以认为：光污染对健康

1　请注意：实际上并不存在能够证明褪黑素浓度降低会引起癌症的证据。另外褪黑素浓度因人而异。有些人的褪黑素在夜晚的时候非常多，有些人的褪黑素无论昼夜都无法检测到。

2　例如婴儿房中的夜灯、电视、电脑、应急灯、街道的灯光或者城市里其他地方的灯光污染，也包括月光。

问题没有直接的决定影响。除非黑夜的灯光让我们感到非常不舒服，否则我们只应该担心这个问题：在工业社会的生活中，我们得到的光照太少了。城市里强度较弱的计时器（白天光线较弱，夜里灯光较强）对情绪和体内时钟的同步有很大的影响[1]。

LAN假说或倒班研究中，有一个要素通常未被重视：不是外界时间，而是体内时间才是研究的基础！几乎所有关于倒班的研究都把分析的重点放在了外界时间上。例如有些倒班的夜班是从22点开始，早班从6点开始，日班从14点开始。倒班的时间当然以外界时间为准，但是身体的变化只遵循体内时钟的变化。假设我们在做一项研究，研究发现倒班工作者患耳垂癌[2]的数量多于“正常”工作者。研究搜集了流行病学数据，分析之后得出结论：不同的工作时间对耳垂癌

1 在《永远的曙光》一章你已经读过了较弱计时器的影响结果。在《四季通用的时钟》一章，我们会详细阐述光线与情绪之间的关系。

2 我故意创造了一种从未有过的疾病。不存在耳垂癌，只有皮肤癌，不过癌变可能在全身发生，包括在耳垂。

的产生没有影响。但如果科学家确定了被试的时间类型，那么他们就会得出一个结论：夜间工作者之中，较早时间类型的人更容易得耳垂癌，较晚类型的人生病的风险较小。倒班研究的过程中如果不考虑体内时间因素，那么倒班工作的患病风险为什么大于“正常”工作这个问题就不会有答案。

鉴于现代社会中多数人都是较晚时间类型，我们可以认为，虽然工作时间是9点至17点，多数从业者都是做早班工作的。时间类型分布图中极端的“云雀型”和极端的“猫头鹰型”之间相差12小时。所以可以预言，做夜班工作的某些人和从清晨4点开始工作的人一样，他们的生活都更符合自己的生物钟。从事倒班工作的人通常是比较年轻的人，他们肯定都属于较晚的时间类型。因此能够更好地调整倒班工作的身体压力。时间类型随着年龄的增长越来越早，因此年纪大一些的人就不能长时间做夜班工作了。

案例中的人们刚刚达到时间类型的最晚值，因此比年纪大一些的人更能适应夜班工作。他们也能在家里很好地补觉。但这不是因为他们的体内时钟与持续的夜班工作达成同步了。玛利亚和马尔科结束工作的时候，他们“被明亮的日光弄花了眼睛”，直到这时，他们体内时钟的光线感受器才与太阳时间融为一体[1]。即使是在照明非常好的室内，眼睛接受的光也不会超过100勒克斯/小时，12小时的工作总共接受1 200勒克斯的光。推测从工作地点到酒吧的路上有120 000勒克斯/小时的光，两个人一起走的路程有1千多米，大约需要20分钟，算出来的结果就是40 000勒克斯。即使是在下雨天有乌云的时候，他们在一路上接受的光线也有3 000勒克斯/小时。因此他们的体内时钟没有完全与夜班工作时间同步，只是与年纪大一些的人们相比，他们能够更好地恢复，因为即使需要适应正常的日光，他们的体内时钟也是极端晚类型。

除了医疗方面的问题之外，倒班工作还与另外许多社会问题有关系：不能与父母或伴侣的生物钟一致。正如案例中描述的那样，倒班工作甚至可能造成某一群体被孤立。案例中的两个年轻人在同一地点同一时间工作，他们

---

1 这一系统类似于接触了视网膜的光子。

所在的群体与社会的其他群体没有接触。这种社会的孤立可能正是导致诸如“HIV等病毒在印度呼叫中心的职员内部流传”等问题的原因。甚至有人提出建议，应该在休息室里放置避孕套。

第21章　伴侣计时

案例

露易丝要累死了，但就是睡不着。一般来说，布鲁诺躺在旁边看书对她没有什么影响。但是今晚她却无法入睡，就像他翻书的声音比平常更响、桌上的灯光比以往都亮似的。她翻来覆去，时不时地转动被子，一直叹气。过了一会儿她睁开眼睛看着丈夫。“布鲁诺，”她疲惫地说，“你今天不看书行不行，我睡不着。”现在轮到布鲁诺叹气了。“好吧，那我到客房去睡。”他小声嘀咕。他拿起书和枕头，把被子搭在肩上。被子把桌子上的灯绊倒了，幸运的是灯没有被摔碎。布鲁诺不理会露易丝愤怒的眼神。他想：“是她把我从我自己的床上赶出来。睡不着的人是她，她为什么不到客房去睡？”

露易丝和布鲁诺结婚28年了，他们的孩子已经自立并且离开了父母的家。现在夫妇俩有了足够的房间“自由安排”了——听起来很棒。他们把一间孩子的房间改成了客房，另外两间被孩子们戏称为露易丝的“沙龙”和布鲁诺的“熊洞”。因为只有客房有床，因此布鲁诺只能去客房睡。虽然布鲁诺因为从床上被赶出来感到很生气，但是他其实很喜欢到客房睡。这样他就可以随心所欲地看书、听广播和看电视了。清晨公鸡叫的时候，露易丝就起床了——为了“看看天气”，她会马上打开窗帘。这是她早晨必做的事情，这让布鲁诺很生气。晚上睡觉时要关窗拉窗帘的人是她，因为她不想很早就醒来！布鲁诺他自己是喜欢开着窗户睡觉的，这样可以呼吸新鲜的空气。他也不介意早晨的阳光洒到卧室里，即使在阳光明媚的白天他也能够睡着。拉开窗帘的声音才是他被吵醒的原因。如果不是因为晚上单独睡让他感觉有点孤单的话，他早就搬出来自己睡了。

第二天早晨布鲁诺下楼之后，他看到了露易丝留在餐桌上的字条，她和多丽丝喝咖啡去了。她经常星期一去见朋友。布鲁诺为自己准备了“正常”的早餐：荷包蛋与火腿。自从孩子们离开家之后，露易丝就变成了素食者，而布鲁诺还是坚定地吃肉的人。他吃完饭之后，倒了一杯咖啡。他在想，这些年来，露易丝和他的生活习惯越来越不一样了。当然，原来他们两个的生活习惯也不是完全一样，但是结婚近三十年以来，他们的差异越来越大。这种变化是悄悄开始的：一开始是她悄悄地占据了一些小事的主导权，后来她的作息习惯就成了布鲁诺的负担。布鲁诺感觉到，现在露易丝已经开始随心所欲、一点也不退让了。

退休之前，最小的孩子还时不时地回家住。那时他想，露易丝和他住在两个平行世界里。在看书、听广播和看电视节目方面，他们两个的爱好完全不同。即使是对报纸文章的看法，露易丝与他也完全不一样。但是现在，他整天在家，又发现了他们两个的共同点。他们有了交谈的兴致。交谈中，虽然有完全不一样的观点，但是他们也发现了彼此相同的地方。他们一起开车的时候，布鲁诺感觉到妻子开车的速度越来越慢了，而他自己仍然自称为“精力充沛”的司机。多年以来，露易丝一直想让布鲁诺把开车风格改一改，但是现在这对布鲁诺来说越来越不重要了。多数情况下，布鲁诺干脆让妻子来开车。

当他看着报纸享受第三杯咖啡的时候，听到了妻子开车转弯的声音。几分钟之后，露易丝走进家门，把几个明显很沉的包放在花园里的椅子上。“你和多丽丝买了好多东西呀。”他说道。“当然了，”妻子的声音听起来很愉快，“我把你从床上赶出去了，感到很过意不去。我跟多丽丝说了这件事。”布鲁诺一方面对露易丝向他道歉感到很高兴，另一方面却觉得她不应该对外人说这件事。他还没想好怎么表达这两个想法的时候，露易丝接着说：“我跟多丽丝说这件事的时候，她笑着说她和西恩也有这样的问题。但是他们两个早就想出好办法了。”露易丝打开了一个袋子，抽出一块与卧室窗帘材质一样的布，“他们在床中间挂了一个帘子。”露易丝高高举起那块布，看起来非常满意。

理论

如果需要面对非专业的普通听众做一次关于生物钟的讲座，我经常从提出一个小问题开始。“如果你对以下的这种情况非常熟悉，就请举手。”然后我就简要概述了上文案例的故事。真实情况是，所有人都举起了手。我给一个朋友聊案例故事时，刚刚说了开头几句话，她就打断我说：“你难道从窗户窥视我家的卧室了吗？”另外一个朋友只是笑着说：“我家也是这样，只是我和我家那位的角色是反过来的。”夫妇二人不同的时间习惯是典型的婚姻生活中的差异之一。我越来越确定，夫妇二人总是把对方看作完全不同的时间类型的人。因此我从我们的数据库里搜集了相关数据。

第一版慕尼黑时间类型调查问卷除了询问工作日和休息日的睡觉时间之外，还请受访者根据7种分类[1]估计自己及生活伴侣的时间类型。在数据库中我能找到50 000人的相关数

1 （0）极端早类型；（1）次极端早类型；（2）较早类型；（3）中间类型；（4）较晚类型；（5）次极端晚类型；（6）极端晚类型。

据：年龄、性别、实际的时间类型[1]以及对自己及生活伴侣时间类型的主观估计。

正如你已经知道的，青少年的时间类型较晚，在20岁左右他们的时间类型达到最晚值（女性大约在19岁，男性大约在21岁）。因此男性平均时间类型比女性晚，如下图所示。这个图在前文中已经出现过，只是多了一个附加的标志：一个箭头连接的两个圆。这个标志是我在展示这幅图的时候经常会提起的一个笑话，为了能让观众们清醒清醒。我说：“通过这个图我们不仅能够发现青春的尽头，也能明白，为什么男人会和比自己小的女人结婚。”停顿一会儿后，我说：“因为这样一来他们就能和自己的妻子一起吃早餐了！”然后我画上一个箭头和两个圆圈[2]。

1　根据休息日的睡眠中点计算（MSF）。

2　每个笑话里都包含一些事实。我们与一位印度的同事进行了一项研究，婚姻双方的时间类型是否能够影响婚姻的成功。我们在慕尼黑时间类型调查问卷中加了这样的问题：“你结婚多久了？”“你对婚姻关系是否满意？”“你与伴侣的生活是否使你感到幸福？”“你有几个孩子？”“你是否还想要孩子？”

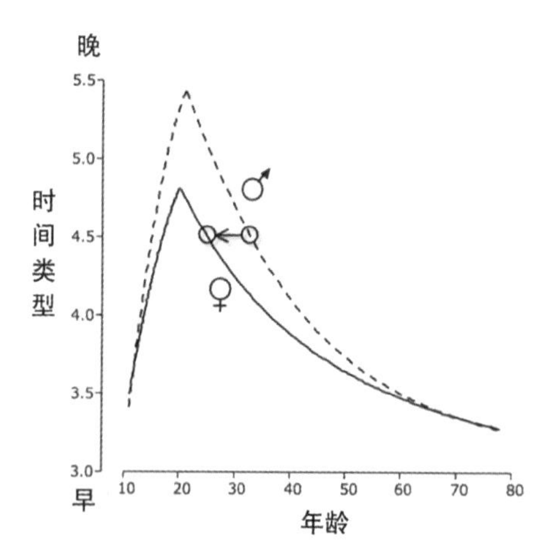

我们能够准确地判断受访者的时间类型[1]，并且找出他们对自己以及生活伴侣时间类型的主观判断[2]。如下左图[3]所示，

1　以休息日的睡眠中点（MSF）为基准。

2　根据上文提到的7种类型进行归类。虽然我们仅仅考虑了那些对生活伴侣的时间类型进行了判断的受访者，但是这一群体的人数也不少，有20 000个女性和20 000个男性。受访者的时间类型按群体进行归类（MSF在1点59到2点59之间，在2点到3点之间，等等）。每个群体里都有对自己和生活伴侣的时间类型判断，按性别区分开来。

3　横轴表示受访者的时间类型，即他们在休息日的睡眠中点。纵轴表示其中时间类型的数值代码，从0（极端早类型）至6（极端晚类型），此图可以与第1章的时间类型分布图进行比较。

在休息日里睡觉越晚的人，他们所判断的自己的时间类型越晚，男性女性之间没有区别（圆形表示女性，方形表示男性，两种图形呈叠加状态）。

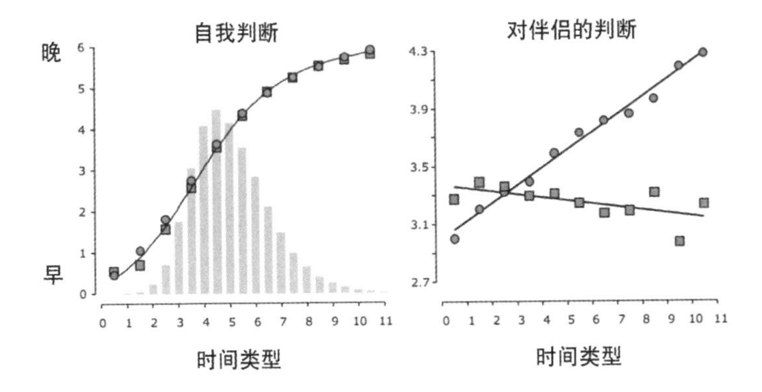

但是男性和女性都是怎样评价自己的生活伴侣呢？对男人来说，妻子的时间类型显然与自己的不同（上右图中用方块表示）：妻子的时间类型平均为3（即中间类型）。女性对丈夫时间类型的判断完全不同（用圆形表示）。她们自己的时间类型越晚，她们所认为的伴侣的时间类型也越晚[1]。这种

1　这里都是统计数值，生活中肯定存在个体差异。

令人惊异的差别也许可以这样解释：多数男人在妻子不在家的时候，睡觉时间都很晚。看起来男人们都适应了妻子的睡觉习惯，因此女性们会认为丈夫的时间类型与自己的相同。男性们则清楚地知道妻子的时间类型。男性们对妻子时间类型的判断结果形成一条比较平坦的线，如果我们不是根据时间类型来选择伴侣，那么这个结果就在预料之中。

接下来我们研究这样一个问题：对生活伴侣时间类型的判断是否受到自身时间类型的影响。在以前的一项研究中，我们已经展示过自我估计的休息日时间类型与实际时间类型（MSF）之间的差别。由此推断，对生活伴侣时间类型的判断也存在类似的误差。例如，如果一个人的生活伴侣是中间类型，他自己是极端的夜猫子类型，那么他可能会认为自己是较早类型，因为他总是比伴侣醒得早。

这种可能存在的错误判断在我们的研究结果中也反映了出来。例如，有两个人的时间类型本来是一样的，但是因为其中一个人的生活伴侣有着更早的时间类型，那么他就会认为自己是较晚时间类型，而第二个人的生活伴侣的时间类型比较晚，因此第二个人自认为是较早时间类型。

综上所述，对时间类型的判断必须根据实际的睡眠中点来决定，不能根据主观的判断。除了慕尼黑时间类型调查问卷还有其他询问人们的习惯和偏好的问卷，这些问卷存在一定的问题，因为在主观陈述自己的习惯和偏好时，对自己的评判也会受到其他人的影响。在印度，人们平均的时间类型比中欧的早很多[1]。中欧的平均睡眠中点在4点半，在印度这属于很晚的时间类型。

以下结果更加清楚地显示了自我评价和他人评价的主观性（仍然拿露易丝和布鲁诺作为例子）。我们在研究年龄对时间类型判断的影响[2]时，得到了一个令人震惊的结果：随着

1　出现这种区别的原因可能是，在印度能接收到比中欧更多的阳光，这是一种更强的计时器。我们在《从社会主义者和资本主义者谈起》和《永远的曙光》两章里都提到过。

2　在这项研究中，我们把每个年龄段（20～24岁，25～29岁，30～34岁，等等）自我判断和他人判断的区别找了出来。我们不是对时间类型本身而是对判断的区别感兴趣，因此我们只把不同的判断挑了出来（男性和女性各一组）。如果某个人认为自己是次极端早类型（=2），他/她的生活伴侣要么是极端早类型（=2），要么是中间类型（=3），总是相差一个等级。

年纪的增长，时间类型的自我判断与生活伴侣判断的差距随之加大；到了一定年纪之后，这种差距又变小了。

这个结果与实际情况完全不符。实际上男性和女性的时间类型在20～50岁的差距是越来越小的（从50岁开始几乎完全一样），但在主观上，人们对自己和伴侣的时间类型的判断差距却越来越大。对此至少有两种解释：一种是心理学方面的，另外一种是文化方面的。

首先来看心理学方面的解释。布鲁诺在阳台上回忆自己与露易丝的距离越来越远，开始只是一些小分歧，后来让他觉得非常遭罪。两个人一起生活的时间越长，他们就越来越倾向于生活在自己的小空间里，开始是每个人都有自己的日常工作，后来两个人的口味变得完全不同。造成这种明显差异的原因很复杂，而且不仅仅两性关系中如此，兄弟姐妹或者同事之中也是如此。一种很普通的解释是，人们随着时间发生改变，但是多个方面的悄悄改变不一定沿着同一个方向。因此，如果随着时间的流逝夫妻双方的时间类型变得不同，也是意料之中的事情。随着年龄的增长差异变小有多种解释。由于性别方面的差异逐渐变小，夫妇二人的对抗性也逐渐减少，因此与对方不同的需要也在减少。另外一个原因是，年纪增长到一定程度之后，日常生活就会与职业世界分离，夫妇二人必须重新规划生活，就像露易丝和布鲁诺一样。

统计数据显示，多数离婚都是发生在40到50岁的时候。离婚的原因通常都是夫妇二人不想在一起或者因为其中一个有了外遇。高龄人群中的离婚率很低的原因也很简单——与生活伴侣不合的人早在55岁以前就离婚了，并且很可能已经找到了新的伴侣。这个规律引出了另外一个解释，为什么时间类型的主观判断差异随着年龄的增长而降低：高龄的夫妇已经彼此妥协了。我不能从心理学方面给出明确的解释，因此只能给出多种可能性来解释生活伴侣的时间类型为什么不一样。科学家们把这种情况称为“摆手”（在不同的论据之间摇摆）。幸运的是，我能在文化方面给出科学的解释。

我们只在数据库里存储了一种个人的判断，也就是说，我们的评价是横截面调查[1]。横截面调查不能区别一个受访者的答案与年龄有关，还是与时代环境有关。我们可以这样认为：在我们的数据库里，多数60岁以上的人的婚姻已经持续了几十年，并且这个年龄段的人们在结婚前不会同居，因此不能搜集到结婚前的时间类型的相关数据。对此，文化方面的解释是：年纪大的人对主观时间类型判断的不同并不是仅仅来自婚姻的持续时间，而是受到了结婚方式的社会环境影响。

理论上存在两种可能性来解释为什么年纪越大的人所判断的生活伴侣的时间类型的差异越大：

可能性1：如今人们选择伴侣的时候会考虑相同的时间类型这个因素。较晚时间类型的人与较晚时间类型的人结婚，较早类型与较早类型结婚。这个积极的选择方式随着年龄的增长逐渐变得不可行。换句话说，结婚时间越长，时间类型的差异越大，是因为他们在结婚前同居的可能性由于社会环

1 横截面与纵剖面调查不同。纵剖面调查需要持续一定的时间来观察受访者，因此可以跟踪受访者实际的、逐渐的变化。

境的原因而减少了。

可能性2：人们选择伴侣的时候不考虑时间类型这个因素（“谁在乎你是什么时间类型的人？我爱你所以我想牵你的手！”）。结婚之后越来越感到伴侣的时间类型与自己的不同。年纪大的人也是如此。

我们数据库中的信息可以清楚地区分以上两种情况：年轻夫妇们的时间类型均不相同，随着年龄的增长，他们判断的自己和伴侣时间类型的差异在继续增加。心理学的解释比文化方面的解释更容易理解：两个人在一起生活的时间越长，生活伴侣在他们眼中的差异就越大。

另外，上文故事的最后，布鲁诺反对“分床”的办法，对妻子说他本来就非常喜欢在客房睡。最后，他们友好地互相让步了，有时候一起睡有时候分开睡。

第22章　四季通用的时钟

案例

9月22号的晚上7点，盖瑞的苹果手机开始播放平克·弗洛伊德的歌曲《时间》。同时芭芭拉的手机响起了耐特·金·科尔的《你是我的阳光》，她非常多愁善感，喜爱战前大时代的美国歌曲。两个手机正在制造不和谐的背景音乐，但是芭芭拉和盖瑞却不觉得厌烦。

他们此刻正坐在回家的汽车中，他们的家在郊区，之前他们刚刚拜访了在当地医院精神科工作的科学家。手机开始放音乐时，太阳已经快落山了，盖瑞从芭芭拉的手袋里翻出来一个看起来很扎眼的粉色太阳镜，递给了芭芭拉。戴上眼镜之前，芭芭拉朝盖瑞眨了一下眼睛，盖瑞报以微笑，从自己的大衣口袋里掏自己的太阳镜，它跟芭芭拉的太阳镜一模一样。

“我们真的要帮汤姆这个忙吗？”盖瑞问，他戴着那副太阳镜看起来很搞笑。芭芭拉超过前面的车，看着盖瑞说：“我们当然要做，我们答应了汤姆的，并且我相信，整个过程会令人兴奋——正因为不简单，所以更令人兴奋。你看起来蠢极了。”“也许你是对的。”盖瑞回应道。

汤姆要求他们参与他的研究。他们是郊区的一对双职工夫妇，配合这项研究意味着他们目前的无聊的日常生活将会被彻底改变。举个例子，他们将在特定的时辰需要佩戴某种特殊的眼镜，太阳下山后尽量少接触灯光，白天有太阳时尽量多地接触阳光。汤姆的技术师给夫妇俩配备了两部有特定功能的苹果手机：当手机发出警报信号时，他们要远离光线；当手机发出另外的信号时，他们就要寻找光线了。当然他们可以自己为苹果手机选择铃声。

第一周芭芭拉和盖瑞按照研究的规定生活，没有问题。因为现在是夏令时，当他们下班回到家的时候，太阳刚好下山；太阳升起时，他们也正好要起床了。虽然他们睡觉时窗帘是敞开的，但是他们还有一个特制的台灯，用来模拟太阳升起。“这样阴天也不会耽误了。”汤姆解释道。这个阳光模拟台灯开始时灯光很弱，随后灯光会越来越强，就像自然的太阳升起一样。灯光最强的时候，闹钟就响了，这是一种未雨绸缪的设计，万一他们在这种模拟的越来越强的光线中没有被唤醒，也会被闹钟叫醒。当然芭芭拉和盖瑞都开启了苹果手机的提醒功能，芭芭拉禁止盖瑞把手机放在卧室里，因为她无法忍受早晨两种铃声混在一起。她为早晨选择了比较柔和的音乐——科比·莫斯的《每个清晨》，跟桑塔纳的《点亮你的灯》一点儿也不和谐。因此除非盖瑞出差，否则卡洛斯的歌声只能在盖瑞的办公室里回响。

9月份的最后一周过得特别好——一个真正的小阳春。他们在太阳升起时起床，在阳台上吃早餐，然后去工作。晚上回到漆黑的卧室，他们早早地就入睡了，连他们自己都吃惊。汤姆的技术师为他们准备了灯泡，灯泡发出类似于壁炉火焰的温暖的光。他们在整个房间都布置了这种灯泡——事实上这是他们唯一允许使用的灯光。技术师还给了他们一种自制的玫瑰色的贴膜，用来覆盖在电视屏幕和电脑显示器上。

这些灯光在之后的季节变得越来越不可或缺，白天越来越长，夜晚越来越短。当他们在太阳下山前就回到家里时，就要佩戴太阳镜，从而避免一种“危险”的光污染。在隆冬季节遵守研究的规定变得越来越困难，但是他们总算是克服了各种困难，度过了最黑暗的冬日。在过去的两个月里，他们拥有自成年之后最长的睡眠时间，漫漫长夜，他们或阅读大量书籍，或促膝长谈。有时他们晚上8点就上床睡觉了，长夜里他们的睡眠分成了“两班”，经过第一轮深度睡眠之后，他们在半睡半醒之间消磨几个钟头，然后进入第二轮深度睡眠。在两轮睡眠中，他们的大脑漫游梦境，早餐时他们便互相讲述梦里最离奇的故事。

春天终于来临了，他们觉得浑身充满了前所未有的能量。一天早晨盖瑞看着外面的树，感受到了叶子发芽的力量。汤姆打电话告诉他们，现在是时候回归原来“有悖自然”的生活了，芭芭拉和盖瑞认真地考虑了半天，最后他们还是决定回归到原有的生活，但是他们保留了房间的照明灯光和玫瑰色贴膜。整个实验中他们无论如何不会想念的，只有那些愚蠢的太阳眼镜。

理论

美国精神病科医生汤姆·威尔曾提出这样一个问题：如果我们这些白天活跃的生物失去了夜视能力，我们的睡眠将受到怎样的影响呢？他说服了一些人进行这样的实验：无论是否有太阳，都保持正常的生活作息。但是在天体光源消失之后必须回到没有光线的室内，不使用电灯、电视——不打开任何一种能发光的东西，打开冰箱也不行[1]。那么一个正常人如何适应突然来临的黑暗呢？为了避免麻烦，最好的办法就是上床睡觉，多数参加实验的人都是这样做的。他们说，

1　前面的一个章节叫作《等待黑夜降临》，是借用了奥黛丽·赫本主演的一部电影的名字（中文译名《盲女惊魂记》）。在电影中，她扮演一个盲女，为了抵抗一个罪犯，她把房间里所有的灯泡都拧下来。她的计策非常管用，直到歹徒打开了冰箱门，借助光亮摸到了门口。

醒着躺了一会儿之后就睡着了，但是没法一觉睡到天亮。做实验的季节是夜晚长于12小时的时候。被试者们说，他们经常在夜里醒来好几次，经常是在半睡半醒之间。我猜想，这种情况是产生童话和传说的最佳时间，但是我想不起来在汤姆·威尔发表的论文里面是否读过这类的内容了。我只记得，被试者在实验结束后说，那些总想知道什么是真正的“好好休息”的人，肯定不知道好好休息是什么意思。

在约根·阿绍夫那里做博士后的两年期间，我研究了人的年节律。你也许会认为，两年的时间不足以深入研究年节律。如果我需要做相关实验，那么两年时间确实不够。但是实际上我的研究包括了近500年的数据——准确地说，将近6 000个月。因为我调查了166个国家历史上每个月的人口统计数据，集中研究了死亡率、自杀率和出生率每年的变化。

阿绍夫已经对多种不同的统计数据进行过分析（更多的是出于兴趣），他发现，除了上一段我提到的3个研究范围之外，多数人在其他方面也表现出了年节律的特征。其中包括一些少见的数据，例如公共图书馆中借出的书籍数量、当年犯罪案件数量，等等。写完博士论文之后，我接手了这项研究。我的日常工作就是查找数据源，给世界各地的统计机构写信请求相关数据，并建立了一个既包括生活数据也包括环境数据[1]的数据库。我想搞清楚这些统计数据中规律变化是否与环境因素有关，还是说这些数据只反映了社会生活在一年里的变化（例如农业的工作量明显有季节性的变化）。但是农业也取决于环境因素，因此很难区分环境因素和社会因素。因此，我尽了最大的努力搜集了多个国家的多个年份的记录。在我的数据库里，有些数据是17世纪的——我能找到的最古老的数据（关于出生率）是1669年的，最新的是1981年的。我搜集数据用了两年时间，分析这些数据用的时间更长。

1 就像每天的气温有最高和最低温度一样，阳光照射时间、降雨量、湿度等也有最高和最低值，另外我还计算了光周期在每一年的变化（太阳升起到落下之间的时段被称为昼长或光周期；相应的黑夜的长度被称为暗周期）。

我们的身体和生活的方方面面都是按照某种节律运作的，在这本书中你经常会读到这样的内容。这多多少少也适用于社会生活。距离赤道越远，季节的区别就越大，南北半球也有巨大的差别。在那些昼长变化很大的地区（有真正的冬季，气温在冰点以下，可能有很多降雪），居民的生活完全取决于季节（至少在工业化前的时期是这样的）。因此，许多人类生活的统计数据表现出年节律也不足为奇。我也提到过，人们从图书馆借书也有季节性的变化——冬季借出的书籍多于夏季[1]。当然，冬季也会出现更多的滑雪和滑冰的事故。在夏季，上学路上的事故就会变多（因为多数学生骑自行车上学），海边喝醉的人数和中暑的人数也会变多。在《往返于法兰克福和摩洛哥之间》这一章节我们阐述了冬季睡眠时间长于夏季这一现象，这一现象很好理解。睡眠时间的差距也不大，只有20分钟，但是在数据统计方面表现得十分明显。

其他统计数据的年节律出现的原因就不是那么简单了：

1　在漫长的冬夜，我们之中的多数人都在室内而不是室外生活。

孩子在春天的生长速度快于秋季；人们在冬季摄入更多的碳水化合物和更少的蛋白质；人们在冬季比在夏季更“有攻击性”。“攻击性”是人口季节性情绪变化之中非常大的概念。曾有科学家在不同的季节向普通人发放调查问卷，该调查问卷原本是为了诊断抑郁及其严重性的。科学家们发现，秋季的调查问卷结果表现出的人们的抑郁程度高于春季。这项调查的起因是一种叫作“季节性情感障碍（SAD）”的疾病。SAD病人的抑郁症在秋季都会加重，在下一个春季痊愈。与其他形式的抑郁症会引起厌食不同，SAD病人在白昼变长的时候会强烈地想吃碳水化合物[1]。在季节性的情绪波动和饮食习惯的变化过程中，与正常人度过冬季较短的白昼时期的表现相比，SAD病人表现出极端的病理学特征。

1　我们在夏季会偏爱高蛋白质的事物，在冬季会偏爱碳水化合物。这一现象可能有生物学的原因，我们需要储存脂肪，以供在寒冷的冬季“燃烧”。你一直以为圣诞节吃饼干是基督教的传统！但是此类传统可能更多的是生物学的原因，而不是文化原因。一些人们熟知的社会中心论背后的生物学基础是本书中反复出现的主题：例如“晚起”的青少年们（《青春的尽头》）或者早起的德意志民主共和国人（《从社会主义者和资本主义者谈起》）。

在人口统计数据方面另外一个明显的年节律是自主死亡（我不是很喜欢“自杀”这个词）。如果有人问，自主死亡率在什么时候最高，你可能会回答：11月或者12月——多数人都是这样想的。因为季节性的情绪波动在这个时间段达到高潮。但是统计数据却是另外一个结果。世界范围内，多数自主死亡的人们都是选择在仲夏日结束生命。这一现象与人们通常的直觉不符，有一种假说在解释这种现象的时候，间接地将情绪波动和年节律联系了起来。该假说认为，在所有人都感到抑郁的时候，一个人想结束生命的愿望不会特别大。但是在朋友们大多心情愉快的时候，这个人自杀的愿望就会变得强烈。另外，假说也提到了，两极抑郁症[1]患者不是在抑郁的时候而是在狂躁的时候结束生命。因为与通常人们所认为的不同，自主死亡（不仅仅是只有死亡的想法）需要一定的能量，在极度抑郁的时候无法聚集足够的能量。因此极度绝望的人们在仲夏的时候有了足够的能量选择死亡。此

1　这种抑郁症没有季节性的变化。病人的症状在抑郁和狂躁（与抑郁症的症状完全相反）之间变换；变换周期远远短于12个月。

外，自主死亡率的年节律还与纬度有关。距离赤道越远，自主死亡率越高，并且死亡率在冬夏两季的差别越明显。自主死亡率与纬度之间的联系证明了年节律与一天的长度[1]有关：白昼越长越亮，人们的能量越高[2]，抑郁时选择自杀的可能性就越高。

白昼的长度，或者叫作昼长，是与年节律有关系的最重要的环境因素之一。另外一个重要因素是温度。例如非自主死亡率[3]就显示了一年之中有两次死亡的高峰，分别是冬季最冷的月份和夏季最热的月份。死亡高峰期每6个月在南北半球之间变换一次。有趣的是，两个半球之间变换的转折点不是赤道，而是赤道以北大约5° 的地方。非自主死亡与其他多数季节性节律一样，除了与昼长有关之外还与气候因素（例如

1 请注意：居住在极点附近的人们在冬季几乎看不到日光。

2 请回忆本章案例中的盖瑞和芭芭拉："春天终于来临了，他们觉得浑身充满了前所未有的能量。一天早晨盖瑞看着外面的树，感受到了叶子发芽的力量。"

3 非自主死亡率并没有说明死亡原因。非自主死亡中多数是老人的过世，死亡原因包括癌症、致命心脏病或衰老（也就是未定义的死亡原因）。

温度）有关。“生物学的赤道”偏北是因为地球上大陆的分布不均匀，北半球的大陆面积更大，所以生物学的赤道向北推移。人口统计数据与生物学赤道一致，因此印证了以下假说：节律的形成不受社会影响，而是受环境条件影响。

每月的出生率也反映了年节律与纬度的关系。许多科学家对季节性出生规律进行了研究。大多数这样的研究都基于较少的数据，而且局限在一定的地域之内。研究者把重点都放在了不同季节新生儿数量的多少方面，因此他们都把出生率与出生时发生的事情联系起来——例如流感。当我观察世界范围内的数据时，很快就明白，妊娠时（出生前约9个月）的环境因素比出生时的环境因素更重要。

在研究了众多的天气和气候因素之后，一个清晰的结论展现出来：既包括昼长也包括温度的环境因素，能够为出生节律（准确地说是妊娠节律）影响因素提供最好的解释。根据数据统计，无论纬度高低，世界各地妊娠率都在春季昼夜等长的时候得到大幅提高。妊娠率达到最大值的时间取决于温度，因此也与纬度有关。月平均温度在12°左右的时候，妊娠率达到一年中的最大值。

每年妊娠率变化幅度最大的地方在北纬30°，从约旦、以色列、巴勒斯坦、黎巴嫩到北非的一些地区。在这些国家里，月出生率的最大值和最小值之间的差额超过60%。这个现象的一种解释是：对妊娠最有利的温度出现在春季昼夜等长的时候，此时光周期与气温同时起作用，因此在3月22日左右妊娠率达到峰值。随着纬度的增加，一年之中的最佳温度出现的时间越来越晚。因此妊娠率的最大值出现的时间也越来越晚。妊娠增长率却一直在春天昼夜等长的那一天出现，但是最大值实际出现的时间更晚[1]。

人类生育的年节律取决于环境因素还是社会劳动时间，这一直是个有争议的问题。一种支持社会中心论的论据是，中欧与美洲次大陆的妊娠节律有明显的不同。中欧的妊娠节律一年之中只有一次高峰（在圣诞节前后表现出一个小高

---

1 在这一点上，人类生育的浪潮节律与樱桃树开花类似，开花的时间最早在南欧，然后向北方扩展。

潮），在美洲却是一年两次高峰[1]。但是持这种观点的人们忽视了一点：类似的双峰节律在东欧也存在。中欧与东欧以及美洲次大陆的妊娠节律的不同很可能与气候有关。中欧受到海湾洋流的影响呈现海洋气候，美洲的两个大陆和东欧则是典型的大陆气候，有着炎热的夏天和寒冷的冬天。因此，在这两个地区，除了妊娠的最佳温度之外，一年之中还会出现两次妊娠率的低谷，从而产生两次高峰。

妊娠肯定不是计划生育[2]的产物，因为非婚生育年节律的变化程度一直比未婚生育年节律的变化程度更大。那么究竟是环境因素还是社会因素影响了人类生育？城市的妊娠率变化程度比乡村小，这一现象对研究没有真正的帮助。因为与城市相比，村民的劳动时间对季节、光照和气温等环境因素的依赖程度更高（在《永远的曙光》一章中提到过）。

1　有两次高峰的节律被称为双峰。

2　如果生育都是计划的结果，那么至少妊娠率应该与社会劳动时间有联系。

到目前为止，对年妊娠率及其地理分布的系统描述都局限在工业化急剧改变人类生活之前的时间段。在过去的一百年里，这种节律的变化越来越平缓，仍然存在的生育小高峰（多数情况下仅比年平均值高1至2个百分点）从春夏转移到了秋冬。进入工业社会以后，妊娠率的上升与昼长已经没有明显的联系，也没有可以看出妊娠率受气温影响而产生的妊娠率高峰了。在多数国家里，只能找到妊娠率在圣诞节前后存在一个小高峰，这个现象可以用社会原因来解释：圣诞节前后夜晚时间较长，加上此时是假期，人们在家的时间比较长，妊娠成功的概率也就提高了。

生育与季节之间的联系消失这种现象可以与任何一个国家开始工业化的时间联系起来，例如在德国出现这种现象的时间比在西班牙早。下图就描述了这种现象的发展变化。图表展示了西班牙每个月出生率的连续变化。

重要的社会事件，例如战争，可能会使原本非常有规律的出生节律产生很大的改变。在第二次世界大战之后，出生节律的变化逐渐减小，但是一直持续到20世纪60年代，小高

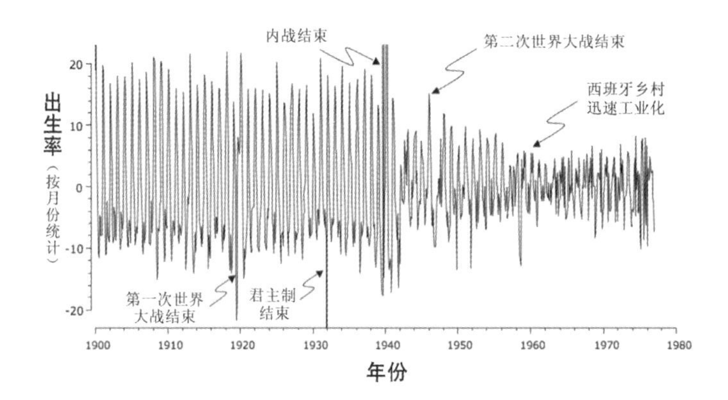

峰从春季推迟到了早冬时节。正是在这个时期，弗朗哥发动了政治运动，西班牙的乡村也迅速开始工业化了。

这样一来，社会因素和环境因素再次无法明确区分了。虽然工业化减少了劳动时间的季节性变化，但是这也意味着人们受环境因素的影响变少了。支持环境因素决定论的最有力的假说是：人们一直在逐渐远离环境（昼长和气温）的影响，首先消失的是昼长的影响。在工业化早期，人们开始在室内工作，远离了日光；一年之中气温变化对人们的影响也逐渐减弱。在气温对人们的影响还比较强的时候，我们可以用它来解释年妊娠节律的变化。后来由于中央供暖设施和制冷空调的作用，气温对人们的影响也逐渐减弱。直到圣诞节对生育的影响开始发生作用之前，生育都没有表现出季节性。

有人会认为，生育节律失去周期性波动与避孕药有关。但是，如果避孕药能对生育产生影响，这种影响会表现在提高妊娠率的变化程度上。像许多哺乳动物一样，人类全年都可以生育[1]。一对夫妻想要孩子的计划可能具有季节性（避孕套销售的季节性可以支持这一假说）。另外，性欲的年节律统计数据也反映了这一点。但是，即使避孕行为本身没有季节性，但避孕也可能会因其对妊娠成功率的影响而表现出妊娠的季节性——但是这其中的机制我们并不清楚。季节对男性或女性的性欲有影响吗？还是精子在不同的季节具有不同的活性[2]？或者卵子在某些季节里更容易接受精子？或者说，

1 有人怀疑，人类的妊娠年节律的变化在10%～20%之间。

2 研究表明，精子的活性都受季节影响。

卵子在受精第一星期的成活率与季节的变化[1]有关？某些患上只能在成年早期[2]检测出来的疾病的人们，很可能是在春季或者初夏[3]出生的。这一现象支持了这个假说：胚胎在妊娠第一周的成活率决定了出生率的年节律变化。如果一个胚胎由于基因的原因患上了某种疾病，那么它的成活率就会降低。然而它却活下来了，说明它形成的时候，是一年之中胚胎最容易成活的时候。

值得注意的是，我们的生活与工业化的联系是多方面的，工业化使我们逐渐远离了自然环境的影响。生物适应自然的昼夜变化和四季的变化，生物钟在进化过程中产生。人们可以认为，工业社会的人们不再需要生物钟了，因为大家不仅生活在24/7式的社会，某种程度上也在24/7/365模式的社会。但是我们不能忘了，每一种生活方式都是不断变化的。我们先辈的天敌们有些体型很大（例如剑齿虎、狼和熊），

1　直到最近我们才知道，受精卵的成活率很低。

2　例如精神分裂通常在20岁才能检测出来。

3　准确的时间取决于纬度。

我们如今的天敌非常小，却非常危险，例如病毒、蘑菇或者细菌——这些天敌的出现是具有季节性的。因此至少对免疫系统来说，身体的计时系统非常有用。但是，只有在能够获取必要的信息（例如昼长的改变）的情况下，这种计时才会发生作用。汤姆的实验让芭芭拉和盖瑞严格地遵循昼长来生活，两个人在冬季都没有患感冒。你一定已经猜到了玫瑰贴膜和特制灯泡的意义。它们可以让盖瑞和芭芭拉在太阳落山之后黎明来临之前远离能够影响体内时钟的光照因素，同时，也能让两个人看见周围的东西。

第23章　回归本性

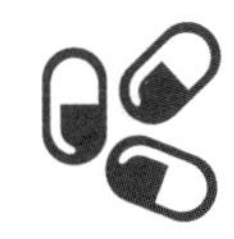

案例

参会者的晚宴已经结束很长时间了。之后大约有30名参会者去了老城的一家爵士酒吧，庆祝会议的圆满结束。这群人的核心是3个世界顶尖的神经外科医生，他们十多年前就互相认识了。他们3个总是一起现身，因此得到了“打包三人组”的昵称。许多神经外科的医生，经常参加各种会议，也都认识“三人组”很多年了，他们总是追随“三人组”——尤其是弗格森医生、斯金特医生和拉斐特医生一起来到某家爵士酒吧这种事情，是“圈内人”才能知道的消息。

角落里的小舞台上正在演奏爵士四重奏，长长的吧台对面是摇摆舞。医生们在吧台和舞台中间拼凑了几张小桌子，这时酒吧里还有其他几位客人。当音乐家中断表演、中场休息时，弗格森看着斯金特和拉斐特说："他们什么意思？我们该撤了吗？"拉斐特的脸庞如孩子一般神采奕奕，但是斯金特看起来很疲惫，他总是这样。弗格森忽视了斯金特的疲惫，起身跟在吧台点饮料的音乐家们聊起天来。当他回来时，向拉斐特和斯金特点了点头，3个男人登上舞台。他们差不多是把斯金特拖到钢琴前面，坐在凳子上，旁边小桌子上放了一杯特浓的咖啡。弗格森站到打击乐器后面，拉斐特拿起了贝斯。

"1、2、1、2、3、4"——最酷的音乐之旅现在开始了——摇滚、爵士蓝调，人们在音乐厅之外最常聆听的音乐。特浓的咖啡开始发挥作用了，就连斯金特也开始兴奋起来，一般这个时间他早就昏昏欲睡了。他是世界上最棒的爵士钢琴家之一，当然也是最不出名的——在神经外科医生这个圈子之外听过他演出的人很少，但在这个圈子里他相当出名了。一方面是因为他在神经外科领域的创新，另一方面是他出神入化的钢琴演奏水平。如果他更早一点儿登台，肯定能让更多的观众为之疯狂，今晚爵士四重奏的音乐家可能就没有机会再登台了（当然他们本身也是很优秀的）。人不可能拥有两份生活，要么是神经外科医生，要么是爵士钢琴家。

理论

之前的章节中出现的案例讲述了生物钟研究的历史。虽然案例故事把科学与想象混在一起，但是案例的内容都是有事实基础的，全部发表在通过“同行评议”的杂志上。在本书的最后两个章节中，我想谈论关于生物钟的一系列推测性的想法。在本章中，我想探讨时间类型和个体睡眠需求怎样影响一个人的事业（下文会提及的）甚至个体的行为与个性。

本章的案例是一位同事给我的灵感，他同时具有神经外科研究和爵士钢琴演奏的天赋。如果他不是一个时间类型极其早的人，他本来可以兼顾两个职业，无论做两种职业中的哪一种他都会非常成功。他没能坚持到晚会结束，他一天中的兴奋点和最佳上床睡觉时间都比一般人早。在职业选择方面他做出了正确的决定，因为他可以毫不费力地在清晨六七点钟到手术室开始工作。一个医生的早班工作对早起的人尤其适合。另外医生们不得不与缺乏睡眠做斗争，尤其是刚入职的时候[1]，这也影响到病人的治疗效果。

几年前，哈佛的学者[2]开始研究实习医师的医疗过失。他们将两名医生的医疗过失比例进行比较：一名医生按照传统的长时间方式工作，另一名医生按照实验安排的时间工作[3]。哈佛的研究小组研究了2 203个病人（其中634人是新近入院

1　所谓的“实习医生”，就是年轻的助理医师。在毕业之后到医院工作的第一年里，他们必须整日辛苦工作，还要忍受长时间的倒班。这种不健康的工作时间在全世界都是一个问题，在美国尤其不人性化。

2　研究小组由上文提到过的A.切斯勒（参看《等待黑夜降临》及《在其他星球的日子》）领导。他们研究医疗事故的报告于2004年发表在著名的《新英格兰医学杂志》上。

3　实验安排的工作时间不会让医生的工作时间大于24小时，而且一个星期的总工作时间也减少了。

的），研究结果显示，实习医师相对严重的医疗过失[1]率是36%（超过一半的错误在作用于病人身上之前没有得到更正）。我在引言中就提到过疲劳会对人的工作产生严重影响，一个连续工作超过72小时的人肯定会犯更多的错误。但是这种预言只在有明确的研究结果的前提下才有价值。

在研究结果发表之后，医院的决策者们开始考虑改善助理医师工作时间的问题。在哈佛的睡眠研究学者发表数据之前，即使每个人都“知道”长时间工作会导致医疗过失的增加，但是没有人想改变这种工作体系。为什么会这样？首先，这与医生这个群体有关。医生的高等教育需要读很长时间的书，他们的工作关系到病人的生死，并且医生是受到社会尊重的高等职业。似乎这个精英阶层只有“承受最艰难的困苦”这一选择。另外决策层本身也曾经是长时间工作的实习医师，因此他们也没有想过改变这个传统。

1　相对严重的医疗过失是指引起或者可能引起危害的诊疗，包括原本可以避免的反作用、不可避免的严重后果、可避免的严重后果，但是不包括微小或者没有潜在危害以及不可避免的反作用。

医生这个职业是典型的需要早起并且在上午集中精神的职业。另外一个类似的例子是教师。几乎每个有基本常识的人都知道教师在早上8点就要上班，管好20～40个孩子，给他们上课。可以想象，这需要精神高度集中。教师们从童年到退休一直处于相同的环境中（大学期间例外），也就是说，他们必须喜欢这个环境，才会选择教师这个职业。因此他们不可能是极端晚的时间类型。从青少年时期开始，他们应该就属于人群之中的较早时间类型[1]。请注意，这完全是一个假设。为了证实这个假设，我们需要做一系列针对职业选择的流行病学研究，以医生和教师作为研究对象是一个很好的开始。

较早的时间类型以及较短时间的睡眠是选择社会中那些顶级职业的基本前提，例如经理人、决策者等等。从清晨到夜晚，他们都必须全力以赴。你能想象一个经理或者政治

1　例外是肯定存在的。但是我敢说，教师的时间类型很少有很晚的——否则在早晨他们就会像第一章《不同的世界》中被弟弟欺负的安妮那样被学生欺负了。如果一个老师的时间类型很晚，他就得花费更多的精力在早晨上课。

家因为时间类型很晚所以从来不能在上午11点之前安排会面吗？这样的一个人根本没法胜任顶级职业。一个时间类型很晚或者需要长时间睡眠的人很可能在这样的工作中生病，因为睡眠不足会影响免疫系统。

最近的一项调查着眼于睡眠持续时间和睡眠不足的问题。150个健康的人在一家诊所注射了感冒病毒。然后研究者观察他们是否有感冒的症状。睡眠时间少于7小时（包括7小时）的人，其患感冒的概率是睡眠时间达到8小时及以上的人的3倍。睡眠质量对传染风险有影响，其影响力甚至强于睡眠持续时间。睡眠质量低于最佳值93%的人们，其患感冒的概率是睡眠质量达到最佳值98%及以上的人的5.5倍。当然，研究者确信被试睡不好并非由他们在实验期间[1]抵抗病毒造成。因此只有睡眠质量和睡眠持续时间与患感冒的概率有关。这个结果也证明了决定医生工作时间的决策者属于较早时间类型或者短时睡眠者。他们的睡眠习惯使他们不容易患病，

1　实验的两个星期内，研究者可以排除其他干扰因素，例如社会环境、季节因素、体重、社会经济状况、心理波动或者健身情况。

也让他们比较晚时间类型或需要较长时间睡眠的人们更加成功。后者为了与日常节奏保持同步经常受到“社会时差综合征”的困扰。

在这本书里，我多次描述了说服人们重视生物钟及其对生命的意义有多么困难。请回忆前面章节提到的医学系老教授对生物钟的看法：生物钟只对敏感的人有意义；或者想一想某些坚持认为只要提出了要求，工作者就能够轻易改变工作时间的人；还有一些政治家和教师们，他们认为年轻人在早上第一节没精神完全是因为他们看了太多电视或者在迪斯科舞厅玩得太晚了。这些批评者们都是较早时间类型或者短时睡眠者吗？如果是，那么时间生物学在日常生活中的传播如此缓慢，就不足为奇了。决策者们没有“社会时差综合征”的体验，因此根本不会想到改变工作时间制度。这就如同在修建火车站或其他公共建筑的时候，决策者们很少考虑到腿脚不便的人们——因为决策者自己在走路方面没有任何问题[1]。

1　我并没有把较晚时间类型的人看作行动受限的人。但是在遵守社会时间方面，他们确实处于不利的位置。

拿破仑曾经说过："男人睡6小时，女人睡7小时，蠢材睡8小时。"拿破仑与希特勒和斯大林等政治人物具有同样的特征：睡觉时间短。发明家、科学家及商人托马斯·爱迪生认为睡眠完全是浪费时间。但是他在白天会多次打瞌睡——这一点与很多经理及政客一样。他们有这样一种能力（像猫和狗一样）：入睡非常容易。例如乘坐大巴车从一个工作地点到另外一个地方去，他们坐在座位上靠着椅背很快就能睡着。应该做一项调查，来确认这种很快就能入睡的能力是否与狂热的性格有关。然而不是每个有影响力的名人都认为睡眠是浪费时间——爱因斯坦需要至少10小时的睡眠，才能达到最好的工作状态。

在一次关于睡眠研究的会议上，我得到了机会观察一个"安眠药与狂躁症"有关的例子。一位物理学家说服主办方举行了一个以"8小时睡眠的谎言"为主题的报告。在报告中，他试图说服观众接受这个观点：我们被洗脑了，因此才认为人们平均需要7～8小时睡眠。他声称，只需要借助一个很短的训练项目就可以将睡眠需求减少到3小时而不会产生危害。

他的这种观点忽视了睡眠及其基因基础等生物学知识。每一种生物的特征都在群体中表现出正态分布，正如在本书中不断出现的那样（睡眠持续时间的分布情况在《早起的人和睡懒觉的人》这一章）。如果他想否定睡眠持续时间的基因基础，他就应该认为睡眠根本没有生物学特征。2009年《科学》杂志发表的一篇文章明确地指出，短时睡眠者表现出时钟基因变异的特征。这表明，个体睡眠持续时间的基因基础是真实存在的。不睡觉的物理学家弄错了！第二天早上，他就提供了一个生动的例子。我看着他与酒店女服务员争吵，他对服务员喊道："我能认出来什么是真正的无咖啡因的咖啡，从红色水壶里倒出来的是没有咖啡因的褐色酱汁，绝对不是牌子上写的'咖啡'！"他气坏了。

这让我想到了个性和行为。睡眠减少首先导致社会能力的退化——随和的个性取决于充分的睡眠。我们的经验来自很小的孩子。如果他们不睡觉，就会变得惹人厌并且狂躁——以至于没有经验的年轻父母都想把他们送到精神病院去。一旦睡着了，他们又变成了天使。这个可以用一个罕见的基因方面的疾病案例来解释（值得庆幸的是这种病非常少见），即所谓的“史密斯-马格尼斯综合征[1]”。这种病有多种症状：智力缺陷、畸形以及其他先天缺陷。患这种病的孩子还有严重的行为障碍，使他们与外界的交流变得十分困难。他们整天处于愤怒、疲惫的状态，并且入睡非常困难。最近科学家们发现，一部分史密斯-马格尼斯综合征患者（他们当然具有上文描述的症状）的褪黑素产生节律与正常人是相反的。通常情况下这种激素只在夜晚生成，但是史密斯-马格尼斯综合征患者体内的褪黑素只在白天生成。法国幼儿医生早晨给患儿注射β受体阻滞剂[2]，晚上让患儿口服褪黑素。这样褪黑素的生成就回到了正常的节奏。治疗效果令人惊讶：患儿的许多病症都消失了，晚上睡得很好。人们看到的基因缺失的表面病症，实际上是患儿的基因缺陷的间接病症。人们强迫患儿白天活跃晚上睡觉。请想象一下，一个

1　史密斯-马格尼斯综合征患者缺失大部分17号染色体，这个染色体通常包含许多基因的信息，因此许多重要的蛋白质都无法形成。

2　β受体阻滞剂是一种可以治疗心律不齐、心悸或者高血压的药。它可以阻止某些神经腱的活动，以此阻止褪黑素的生成。

“健康”的孩子被强迫夜晚醒着白天睡觉是什么感觉。

正如人们所看到的，时间类型以及个体睡眠需求明显影响了我们的生活和职业选择，并且与一个人的个性和行为有关。但是哪个是因哪个是果？是个性决定时间类型和睡眠类型，还是时间类型或睡眠类型决定个性？有大量的研究着眼于某些时间倾向[1]与个性之间的联系，例如外向、随和、可靠、神经衰弱或者坦率性[2]等等。某几个调查发现，晨间类型的人们普遍来说更加随和、更加认真，晚间类型的人们更加神经质、更加外向和坦率。有些调查还附带统计了睡眠持续时间，调查结果发现睡觉时间越长的人越容易相处[3]。

1　时间倾向调查问卷询问人们在“感觉舒适的节奏”时喜欢做什么；什么时候睡觉；计划什么重要的工作或者进行锻炼。根据答案的不同，会得到一定的数据。最终的结果（数值）决定了某个人是晨间类型还是晚间类型（即所谓的“早晨夜晚时间类型刻度表”）。虽然时间倾向与时间类型有关联，但是与时间类型不是同一个概念，而且不是在体内时钟运转的过程中产生的。

2　研究这种性格特征的调查问卷叫作“五大人格问卷”。

3　这不足为奇，请想一想不睡觉的物理学家和史密斯–马格尼斯综合征患者，还有睡眠与健康之间的关系。

如果你可以接受附带调查的结果，那么就可以得出一幅清晰的图画：晚间类型的人都是很有趣的人，但是有一点不耐烦、外向和神经质，尤其是这一类型中的年轻人，他们属于社会中具有创新能力的群体。与之相反，晨间类型的人是随和的类型，可靠、认真，但是有点无趣[1]。

根据不同时间倾向将人分成各个群体，是科学家消磨时间的古老又相当不可靠的方式。这个方式可以追溯到希波克拉底，他将人们的脾性分成4个等级，并用不同的体液命名[2]。另外一个类型的科学家是埃斯特·克雷奇默尔，他根据身体的物理现象将人类的脾性进行分类[3]。这些分类的问题在于，它们的推测基于偏见。汉斯·艾森克是第一位试图排除

1　了解撰写这份时间倾向调查报告的作者是件有趣的事情——我们几乎可以推断，作者是晚间类型的人，因此不喜欢晨间类型的人。

2　希波克拉底是古希腊的医生。希波克拉底誓言是现代医师职业道德的基础。他的理论将人们分为血液、黏液、冷凝液、黑胆汁和黄胆汁5种类型。

3　埃斯特·克雷奇默尔是马尔堡大学的精神病学家。他的身体类型分类理论是：虚弱型（瘦、矮、弱）、运动型（有肌肉、骨架大、强壮）以及矮胖型（敦实、胖）。

偏见的科学家，他把科学论断建立在中性的数据上[1]。

具有晨间/晚间类型的人（这不是时间类型！）可以随意地与特定性格建立联系[2]，这可以通过许多因素进行解释。例如人们为了遵守社会规则，可能会在填写调查问卷的时候隐藏日常时间倾向。他们可能不会爽快地承认自己是晚间类型[3]。因此调查问卷的结果可能与真实情况不符。晚间类型的人们更有创新能力，可能是因为他们必须在学校里想出更聪明的办法才能在早晨取得好成绩[4]。晨间类型的人选择了相对

---

1 汉斯·艾森克生于柏林。由于公开反对纳粹思想，被政府驱逐，流亡至英国（伦敦大学学院）。他利用了所谓的要素分析来研究人们的性格特征。他断定，只有两种主要的性格特征：神经质型（倾向于悲观的情感体验）和外向型（在社会关系中倾向于享受积极的事情）。艾森克认为两种类型的混合可以描述所有其他的性格特征。

2 人们需要大量的证据来证明，因为并不是所有的晚间类型都是神经质的人，并不是所有晨间类型的人都好相处。附加调查结果只是表现了统计数据方面的特征。

3 除非在青少年时期里，晚间类型被认为是“很酷”的。在本书的《早起的人和睡懒觉的人》一章中涉及了对早起和晚起的道德评判。

4 请想一想晨间类型的人在学校里可以比晚间类型的人取得更好的成绩（参看《完全是浪费时间》）。

不需要那么多创新的工作，可能是因为他们在学校里的成绩更好。晨间类型的人更容易相处，可能是因为他们不必忍受“社会时差综合征”。作为时间生物学家[1]，我们至少会要求性格调查问卷根据不同的时间段来填写——如果得到的答案会根据一天中的不同时段[2]发生变化，我也不会觉得意外。

对于晨间/晚间类型与性格之间的关系，存在各种各样的解释；这意味着人们并不清楚结果的真正含义。因此我一直致力于深入研究两者的关系，并运用能够分清影响和原因的方法。调查实际时间类型的时候以实际睡眠时间或者更客观的测量方法取代主观的晨间/晚间类型[3]。这项调查应该考虑到受访人群的时间类型，而且也应该考虑受访人群的职业，并

1　请允许我把读者们归为这一群体，因为在阅读本书之后，诸位都了解了大量的时间生物学知识。

2　类似取决于季节的研究抑郁程度的问卷（参看《四季通用的时钟》）。请回忆《不同的世界》这一章中的安妮和她的父亲。

3　如果把慕尼黑时间类型调查问卷（MCTQ）与晨间/晚间类型调查问卷（ME）进行比较，就可以发现ME数值与受访人愿意选择的时间类型有关。在《伴侣计时》一章中诸位已经知道，调查问卷的答案与休息日睡眠中点决定的时间类型相去甚远，而且这也取决于生活伴侣的时间类型。

且询问他们是否自主选择了现在的职业。如果时间类型与性格之间有联系，那么我就会推断，这种联系是间接的——取决于不同时间类型对社会时间的适应程度。我们假设有不同时间类型不同职业的四个人，他们都有本章案例中斯金特博士那样的天赋：一个晨间类型的人成了神经外科医师，另外一个晨间类型的人做了爵士音乐家；一个晚间类型成了神经外科医生，另外一个晚间类型的人做了爵士音乐家。这四个人会怎样回答“五大人格问卷”呢？只有将这几种情况进行综合分析才能确定性格与时间类型是否存在联系，才能确定这种联系是否来自不同类型的人对社会时间的选择适应。

第24章　突破黑夜的瓶颈

案例

三个哥哥一直觉得他们那个有点胖、一头红发、脸上有雀斑的小弟弟莱昂有些奇怪，因为对莱昂来说，他对自制的实验的兴趣比跟哥哥在花园里踢球要多很多。莱昂的最新研究项目是，大脑是如何工作的。

这一切都开始于上周一。马利特教授，当地大学的科学家，是莱昂班里一个同学的父亲，他在莱昂的生物课上向同学们解释了大脑是如何工作的。从那以后莱昂就开始用不一样的眼睛看这个世界了。他想出各种实验，帮助他“看清”自己的大脑是怎样认识世界的。人类在思考大脑的时候就在运用大脑，这让莱昂很着迷。

他首先研究的是使大脑产生错觉的视觉图像。纸上的直线完全平行，但是如果添加另外一些线，平行线看起来一下子就不平行了——莱昂用尺子证实了这一点。马利特教授告诉他们，当一段楼梯的一个台阶高度不同时，人们很可能会绊倒——因为大脑记住了前几级台阶的高度，并默认为其他台阶也是一样的。莱昂想出一个主意想要证明这个结论，就是悄悄地在家里楼梯的一个台阶下面垫一块薄板，将台阶调高。但是他并没有把他的想法付诸现实，因为不光是他的哥哥们在这段楼梯上上来下去地跑，他的父母也要走这段楼梯。

取而代之的实验，是每当他走进一个新房间时，他总是闭上眼睛，试图用“内在的眼睛”去看房间的布置。他能记住门在哪儿，窗户、桌子和其他物件在哪儿吗？有一天他在地下游戏室里设计了一个障碍跑设施，选手必须在黑暗中进行游戏。意外的是，这一次他的哥哥们表现出了明显的兴趣，想马上参与进来，但是哥哥们在黑暗中跑步总是磕磕绊绊，每一次都是他赢，这是以前从未有过的。

周末的时候，他去拜访姑姑。第二天早晨醒来时，他完全糊涂了——你可能也经历过类似的情况。他想往窗外看，但窗户那里只有一个柜子，他转向门的方向，看到的却是一面墙，墙上挂着一幅愚蠢的花瓶装饰画。他在哪儿呢？发生了什么？这个思考的过程只有一会儿，他却感觉像永恒那么长，他想起来，他不是在自己家里，不是在自己的房间，而是在格温德林姑姑的客房里。一瞬间似乎一切又正常了。他又想到了一个大脑实验！他的大脑给了他什么误导？为什么花了这么长时间之后他才意识到他的错误？现在，已经从混淆中走出来的他又闭上了眼睛，他“内在的眼睛”看到两个房间：自己的卧室和格温德林姑姑的客房。

回到家里，莱昂变得更加雄心勃勃。他想到了另外一些事，马利特教授告诉他：我们的大脑有着很倔强的个性，在我们看、听、闻的时候，大脑不仅仅想扮演一个被动的角色，它感知世界的时候不可能不带着偏见。莱昂意识到，他周围的世界，不管用何种方式，都会在他的大脑里留下印象。大脑似乎不断地建立外部环境的内部模型——如同莱昂自己用纸制作的轮船和房屋——这样是有些道理的，因为建立模型后大脑只需要专注于正在发生或改变的事情上，因而有了更多的时间做其他的事情——例如，思考大脑是怎么运作的。

后来莱昂对大脑怎么处理空间的问题失去了兴趣，于是他又转向研究大脑怎么处理时间。他的祖父在圣诞节时送给他一块特别酷的手表，这是他的第一块手表，他天天都戴着，睡觉的时候也不摘下来。之前他总是能大概地感知时间。现在他发现自己会时不时地看手表。例如他掐算时间，知道自己在练习小提琴之前，有足够的时间完成家庭作业，但转眼他就忘了时间，必须每5分钟就重新看一次手表。他决定把手表放在写字台上，教他的大脑估计时间。令他非常自豪的是，在夜里他也能准确地判断时间，事实上他总是在2点半到3点之间醒来。后来他有意识地训练自己，提前1个小时醒来。结果令他十分震惊，尝试过几次之后，他真的做到了。他不明白的地方是，他的大脑是怎样在夜里知道现在是几点钟的，毕竟人在醒来之前是不会有任何时间感觉的，也不会知道自己已经睡了多久。他的大脑看起来不是以已经过去了多长时间来判断钟点的，大脑就是知道几点钟了。莱昂想，大脑是不是也建立了一个24小时的模型，就像大脑为空间建立的模型一样？

理论

“这是一本关于时钟的书——但不是那些可以戴在手上或者挂在墙上的时钟，而是在我们的身体里滴答作响的时钟。”——如果你属于那种会读前言的读者，那么这是你阅读本书时读到的第一个句子[1]。你可能会感到惊讶，为什么我在最后一章写了一个与空间有关的案例。但是读完这个案例，你会看到空间与时间有很多相似之处[2]。为什么我们身体的时间系统被称为“时钟”，原因很简单：时钟是测量时间的。时间生物学家研究这种现象时使用的方法，总是被“时钟”这个词所影响——我们所有的思想都受到语言的影响。然而“时钟”这个词把体内机能大大地简化了。

1　我得承认，我本人不是这种读者。

2　这与爱因斯坦的时空连续理论不一样。

大脑能够把我们周围的环境录制下来——这正是莱昂非常感兴趣的一点。我们可以把大脑比作一种“指南针”。大脑的空间视觉机制帮助我们定位空间，即使没有灯光也可以做到[1]。但是空间视觉机制能做的不仅仅是定位：空间的全部结构也能储存在大脑里[2]。莱昂和他的哥哥们在记住了地下室的构造之后，在黑暗中比赛障碍跑，这种能力不仅包含了记住终点在哪里的认知（就像指南针），还包括障碍物的形态、位置和躲避方法。我们的大脑画出了一幅详细的空间图。

体内时钟画出了一幅示意图——只是这一次画出来的是时间的结构，即时空[3]。此时它呈现了时空结构中的“天”[4]。

---

1 科学家曾经做过一个实验，让篮球运动员瞄准篮筐，在听到声音信号的时候就投篮。这一流程重复了多次。有一半的声音信号发出时，灯光随之熄灭；另一半声音信号发出时，灯光仍然保持不变。科学家计算了投篮命中率，发现运动员在黑暗中的命中率略高于有灯光时的命中率。

2 这与我们能够回忆起上学第一天类似，都属于记忆的一种形式。

3 “时空”这个美丽的词语帮助我们区分时间的运动与时间的结构。

4 在《早起的人和睡懒觉的人》这一章你已经读了关于时间生物学家所研究的四种时间结构，即潮汐、天、月，以及年。

当然，生物钟经常直接用作钟表。已经过世的艾贝哈德·格文纳[1]在他那些有趣的实验里展示了迁徙的鸟把它们的生物钟用作长途旅行的导航。他把鸟儿们从笼子里放出来，跟踪它们的迁徙过程。在迁徙旅途中，他定期把鸟放到漏斗形的笼子里，笼子用纸糊住，笼子底部有印泥。1小时之后，他只需要分析鸟在纸上留下的黑色足迹就得到了鸟运动的方向。结果令人惊讶，野生鸟类从巴伐利亚向西班牙南部飞行（这条路线通向他们抚育后代的地方，位于非洲中部），而实验用的鸟，也是同一品种，它们的活动方向主要向着西南。一旦野生的同类飞过了直布罗陀海峡，实验鸟也转向了东南方向——就像它们现在也要飞向非洲中部似的[2]。方向的改变只能表明漏斗笼子打开之后，它们能够看到整片天空。因此他们可以把太阳（或者星星）当作指南针来定位方向。太阳

1　“格文纳”是继约根·阿绍夫之后领导马克思·普朗克研究所安戴克斯分所的所长，可惜他去世得太早了。

2　我们不能推测出在野生鸟和实验鸟之间存在一种秘密的交流方式。造成这种现象更为可能的原因是，似乎两群鸟有一个内部的系统，告诉它们向一个方向飞X天后再向另一个方向飞Y天。

和星星的位置不是一直不变的，因为我们的地球也在移动。为了能够准确地定位方向，我们必须确认所在地的时间。格文纳证明鸟类运用了生物钟。他把几只鸟从露天笼子中拿出来，把它们放在一间屋子待了一星期。房间里的明暗变化是人为的，与外界的时间不同。当他把鸟放回漏斗笼子之后，那几只鸟就把方向弄错了。

某些人有可以让自己在既定的时间醒过来的能力。这是我们可以将自己的生物钟当作钟表来用的一个例子。虽然“生物闹钟”这种能力只是生物钟的一个附属功能，但是这项能力就像一种程序，其对感知时间非常有用（莱昂就是利用这个程序，才能够在夜里想醒来的时候醒过来）。

生物时间系统不仅能告诉我们时间，还能展示内部时空的一天。这种时间程序建立了一个信息网，以连接分子层面的生化反应和有机体的行为活动，并以此建立体内时间结构，以便调节时间空间中的所有身体机能。它预见周围环境的定期变化，使有机体对变化做好准备——在正确的时间做正确的事情。一天之中不同的时段及这个时段的挑战（例如明暗冷暖，只有在特定时间段才能找到的食物，天敌的威胁等）与莱昂的障碍赛跑非常类似。

进化本身也是一个支持这个假说的令人信服的例子：生物钟不仅仅是时间支持器。我们在《失去的日子》这一章已经知道，进化的动力来自偶然的基因变异和各个方面的物种选择的压力。物种选择的竞争中，一个很重要的方面就是争夺资源。资源不一定是食物，足够的生存空间，繁衍的机会，还有抚养后代，都是在竞争中非常重要的内容。因此所有的生物都在不断寻找能够给它们提供更多发展潜力的新领地。占领一个新领地往往意味着基因的改变，以使自身拥有更强的适应新环境的能力。

最先到达一个新领地的生物具有后来的生物没有的优势。通常来说我们把这种领地看作一个空间结构。第一个离开海洋占领陆地的生物，需要很多必需的改变：例如鱼鳍必须变成腿，腮必须变成肺；身体必须增加重量（因为不再需要在水里游来游去了）；必须具备抵御干旱的能力，找到或者储存水的能力。

哺乳动物在地球上已经生存了2亿至2.5亿年——但与整个进化史相比是非常短的时间。第一个原始的细胞有机体产生于45亿年前，第一个有细胞核的细胞产生于15亿年前，第一种有骨骼的动物于3亿8千万年前出现在陆地上。它是爬行动物的祖先，随后爬行动物占领了整个陆地。但是陆地上越来越拥挤怎么办呢？还有一片空间留给了较大的动物，就是天空。此时在天上飞的还只有昆虫。第一个飞起来的爬行动物，我们今天称之为鸟类。除此之外，还有其他亟待占领的空间。

在陆地上生存也意味着必须适应白天和夜晚巨大的温差。每一种生物都依赖生物化学反应，生物化学反应的速度随着温度的上升而加快。这意味着，决定爬行动物行动速度的生物化学反应在白天加快，所以它们更容易捕到食物，也更容易躲避天敌。因此，爬行动物在白天很活跃不足为奇，这意味着整个生命，从基本新陈代谢到行为活动，都适应了有阳光的白天。

你也许会问，那么海洋、湖泊还剩下什么。行文至此，我已经提到了白天和夜晚活动的两种情况，那么你也许猜到了这一章节的主要内容了。有关哺乳动物进化的推测假定一个环境中的新来者不仅来自空间，而且来自时间与空间的叠加。鸟类是一种进化的产物，它们占领了天空，而哺乳动物的祖先则占领了黑夜。哺乳动物的祖先突破了“黑夜的瓶颈”。飞翔的能力是占领天空的前提，是捕食昆虫和逃避陆地爬行动物的条件。为适应温度规则而做出的自我完善——进化为恒温动物——是适应寒冷夜晚的重要进步。哺乳动物的祖先白天躲在窝里，寒冷的夜晚出来自由活动，这时，它们仍能够轻易逃脱危险的、饥饿的爬行动物捕食者。哺乳动物的体温能够保持在37 ℃左右，而多数爬行动物的体温完全取决于周围环境的温度——当时它们没有竞争者。要进入新的领地，对环境的感知能力是很重要的。与之类似，如果没有内在时空的感知，在空间领地与时空领地之间的转换是不可能实现的。空间领地与时空领地的转换看起来是同时进行的——他们对有机体的重要性也是一样的。改变领地的过程缓慢得令人难以置信，但是这个过程不是单向的。许多在陆地上生活的动物又回到了水中，许多鸟类忘记了飞翔。这种回到原始领地的现象也存在于时空中。我们的所有祖先一定都曾经在黑夜里活跃过（多数的“纲目活化石”仍然是这样）。后来我们与其他哺乳动物又重新占领了白天。白天活跃的鸟类熟练掌握飞行技能之后，它们之中的某几种又变成了夜晚活跃型。云雀是前者，猫头鹰是后者。正如你所看到的，整本书都在讲云雀和猫头鹰！

我们的生物钟不仅使我们在正确的时间做正确的事情，还对哺乳动物的进化做出了决定性的贡献。在这一章，你已经看到了灵活的适应性在占领空间方面具有多么大的优势。而现代社会时间类型的多样化也是一种灵活性。我们这个物种可以很骄傲地说我们占领了地球上几乎每一个地方。这种骄傲很夸张，因为我们还没有像进化过程中的某种生物那样适应任何一种环境。作为白天活跃的物种，如果我们只依靠哺乳动物的生理条件，是不能在某些环境中生存的。黑暗中，我们需要手电筒，我们在水中或者在空气稀薄的地方都需要携带氧气瓶，在冬季我们需要供暖。但我们在时空（综合考虑时间与空间）上的适应性确实是比较灵活的——想想我们这个物种里这么多样的时间类型！

如果我们意识到多数青少年开始上学的时候，是他们生物钟的“午夜”，那么我们可以考虑为他们更改上课时间，那么安妮和雅各布就能够高效率地学习了。如果我们能按照自己的内部时间睡觉（就像地下实验室里的年轻人或者芭芭拉和盖瑞那样——但是不要像斯坦中士或者蒂莫西），我们就不会在白天那么疲惫，我们的心情会变好，工作效率会提高，生病的次数也会减少。我们在制订社会作息表的时候，必须考虑到我们现在生活的社会已经不再是农业社会了。像伍尔夫那样灵活的夜晚捕食者，在搜集“蘑菇”的时候也具有优势；你也会像斯金特博士那样，选择职业的时候做出一个真正的决定；我们也会用更宽容的态度看待周围的行动快慢不同的仓鼠；像露易斯和布鲁诺那样的夫妻会更加尊重彼此的决定。

内部时间是基因决定的，就像萨拉和她的家人那样。另外，就像哈瑞特哀叹的那样——我们的生物钟并不完全符合社会信号，而只在地球（而不是其他星球）的白天与黑夜之间变换，因此从前德意志民主共和国人上班比联邦德国人早。我们必须理解，工业化意味着在封闭的建筑物里工作，缺少光照不仅对我们的生物钟，也对健康的其他方面产生了负面影响。请想一想安娜、索菲、弗莱德瑞克和约瑟夫。建筑师必须改善建筑物获取光照的可能性（在不增加二氧化碳排放量的前提下）。

在未来，飞机旅行和倒班工作可能会更多地打乱我们的生物钟，就像奥斯卡和杰瑞或者马尔科与玛利亚。因此我们必须通过相关研究提出减轻这种损害的方法。我们需要个性化的工作计划。如果我们想调整生物钟，就必须考虑周全，例如实行夏令时的时间特殊性（虽然我们的意图比埃德加的更积极）。生物钟的时间表具有重要的生物学意义，不管是单细胞海藻还是人类，生物钟都是进化的重要组成部分。另外，生物钟控制着所有的身体机能；体内时间在医学治疗方面扮演着重要角色。虽然我们那个好奇的天文学家意识到了他的发现非常重要，但是我怀疑，他还没有意识到他的发现某一天会如此重要。

图书在版编目（CIP）数据

我们为什么会觉得累：神奇的人体生物钟 / (德)
蒂尔·伦内伯格著；张丛阳译. -- 重庆：重庆大学出
版社, 2020.9（2021.7重印）
ISBN 978-7-5689-1932-6

Ⅰ.①我… Ⅱ.①蒂… ②张… Ⅲ.①人体—生物钟
—普及读物 Ⅳ.①Q811.213-49

中国版本图书馆CIP数据核字（2019）第289175号

我们为什么会觉得累：神奇的人体生物钟
WOMEN WEISHENME HUI JUEDE LEI：SHENQIDE RENTI
SHENGWUZHONG

［德］蒂尔·伦内伯格 著
张丛阳 译

责任编辑：姚 颖
责任校对：关德强
责任印制：张 策
书籍设计：周伟伟

重庆大学出版社出版发行
出版人：饶帮华
社址：（401331）重庆市沙坪坝区大学城西路 21 号
网址：http://www.cqup.com.cn
印刷：重庆共创印务有限公司

开本：787mm × 1092mm 1/32 印张：11.125 字数：168 千
2020 年 9 月第 1 版 2021 年 7 月第 2 次印刷
ISBN 978-7-5689-1932-6 定价：49.00 元

版贸核渝字（2019）第188号